復刊

レンズ設計法

松居吉哉 著

共立出版株式会社

序　　文

本書は現在のレンズ設計技術を，その背後にある考え方とともに体系的に述べたものであって，３年ほど前，応用物理学会の分科会である光学懇話会が発行している“光学ニュース”に講義として連載したものに手を加え，まとめ直したものである。

考えてみると，20年位前になるが，ふとしたことから私がレンズ設計に手を出すようになった頃は，まだ数値計算に対数表や手回しの卓上計算機が幅をきかせていた時代で，私自身対数計算で四苦八苦した思い出がある。しかし，その後電動計算機，リレー式計算機，初期のコンピュータ，そして現在の高性能のコンピュータへと計算手段の面での進歩は目覚ましく，それに伴って，レンズ設計も少なくとも外見的には大きな変貌をとげた。とくに大きく進歩したのは，レンズの性能を計算によって評価したり改善したりする技術的な面であるが，依然として変わらないのは，仕事の内容が試行錯誤から成り立っているという本質的な面である。仕事の本質が試行錯誤的であるということは，仕事を進めるのに多くの行き方が考えられるということでもある。事実，理論的な裏づけのある手段によって仕事を合理化しようとする立場が大勢を占めている最近でも，個人的経験や直観的判断だけに頼っている設計者もいない訳ではないのである。しかし，レンズ設計が技術として通用するためには，優れたレンズを設計できる根拠が，単に個人の経験や直観だけというような状態では話にならないのであって，第三者に説明のできるような技術手段と論理とを背後にもっていることが必要であろう。これが本書を書くに当っての私の基本的な考え方である。

ところで，レンズ設計という仕事について，私がある明確なイメージと意欲とを持つようになったのは，ひとえに，私が設計に関係するようになって間もなく読んだ M. Berek の名著 Grundlagen der praktischen Optik から受けた刺激によるものである。レンズ設計に限らず，一般に設計と呼ばれる仕事には，本質的にある種の自由度がつきまとっている。設計者は，与えられた自由度の範囲内で，多くの選択をしなければならない立場に立たされる訳であるが，どういう選択が正しいのかは経験ある設計者でも見通し得ない場合が多々あり，結局は個々の設計者が，それぞれの時点で，独自の総合判断で選択を行ない，結果がどうなるか試してみるという試行錯誤的な行き方をとらざるを得ないのが実情である。こうした点を考えると，レンズ設計を技術として確立するためには，二つの面に対する配慮が必要であるように思われる。その一つは，設計者が構想を決定してから，それを具体的なレンズの形状として実現するまでのプロセスを体系化し，合理化することであり，そしていま一つは，複雑な総合判断によって構想を決定しなければならない設計者に，できるだけ理論面から考え方のよりどころを与えることである。レンズ設計について書かれた書物はもともと少ないのであるが，これらの点に明確な問題意識をもって書かれたものは，今考えても Berek の著書以外にはないように私には思われる。しかし，何といってもこの原著の刊行が1930年であることから来る時代のズレだけはどうすることもできない。このことは，Berek の方式を仕事に適用しようとして，私自身が痛感させられたことであった。これを何とか時代の要請に適合するように書き改めたいという気持から，私は非才をもかえりみず，今日まで仕事と併行して努力を重ねてきた。その結果をどうにかもっともらしい形にまとめたのが本書なのである。

今日，レンズ設計に関連する技術は多岐にわたっているが，紙面が限られていることもあって，本書では話を本質的な問題だけに絞らざるを得なかった。本書の中で私がとくに重点を置いているのは，光学系の具体的な形状を決定する際の基礎になる近軸理論と収差論とである。近軸理論では光軸方向の量をすべて媒質の屈折率で割った“換算量”という概念を導入することによって，設計に際しての取り扱いにいっそう融通性が出てくることを強調したつもりである。また収差論では，瞳の近軸量を消去した形式の Berek の公式が，かえって適用範囲をせばめる結果になっている点を考慮して，瞳の近軸量を含んだ形式を採用し，かつ最近の多様な要求にも応じられるように次数を5次まで拡張したほか，各種の変換公式などもできるだけ多く記載した。こうした点については，Berek の邦訳書（巻末の文献の項を参照）も出ていることであるし，それと比較して御批判いただければ幸いである。本書の記述には，現在の技術レベルの点から，若干問題を残している個所もない訳ではないが，こうした個所はいずれ可能になった時点で書き改めたいと考えている。

私が本書を書くことができたことについては，いろいろな点で，私の所属しているキャノン株式会社の光学部の方々に負う所が大きいといわなければならない。とくに，南節雄氏には数式の検討から本書の校正に至るまで，ひとかたならず助けていただいた。また，本書の出版については，共立出版株式会社編集部の寺島善武氏に何かと御世話になった。ここに厚く御礼を申し上げる。

1972年10月

松　居　吉　哉

目　　次

第3章　光線追跡による性能評価

第4章　収差論とその応用

第5章　レンズ設計の実際

第 1 章
序　論

1.1　まえがき

1812 年，性能を考慮に入れた最初の写真レンズとして Wollaston の Periscope（図 1.1）が出現した。その頃はまだレンズの設計技術らしいものは確立されていなかったから，こうしたレンズの形状は実験的に求められたものと考えられる。しかし，レンズは製作がやっかいであるし，性能を正確に測定することも困難である。そこで，種々の形状のレンズを実際に作って性能を測定する代わりに，それと同等のことを紙上の計算で代行させようと**光線追跡**（ray tracing）という独特の方法が考え出された。今日の言葉でいえばシミュレーション（simulation）である。計算による検討では製作誤差がはいらないし，性能のわずかの差も明瞭に区別できる。こうした方法をとることによって，レンズ設計はこの上なく精密な仕事になり，多くのすぐれたレンズがこれによって生みだされることになった。しかし，その裏をかえせば，レンズ設計にばくだいな計算を必要とすることがこれによって決定的となり，設計者は，各種の誤算と戦わなければならない宿命を負わされることになったのである。

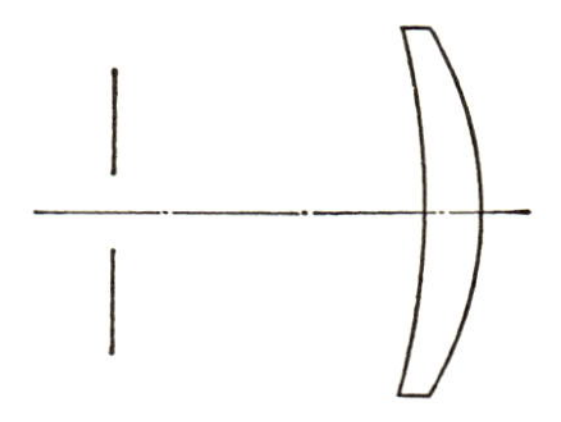

図 1.1　Wollaston の Periscope（1812 年）

一般に，レンズを構成する個々の面の曲率半径，面間隔，ガラス材料といったいわゆる**構成要素**（construction parameter）と，そのレンズ全体の性能との間の関係はきわめて複雑であって，具体的な形状の与えられたレンズの性能を求めることはできても，逆に性能を指定して，それを満足するレンズの具体的形状を解析的に求めることはできない。そこで，レンズを設計する場合には，試行錯誤的方法に頼らざるを得ない。すなわち，まず設計者は何らかの方法で暫定的なレンズの形状を紙上で作ってみた上で，このレンズに被写体面上の数個所の点から出る多くの光線を入射させ，それらがレンズの各面で屈折して進む経路を光線追跡によってたんねんに計算し，像面上で1点に集まるべき光線がどれだけの範囲に散らばるかといったレンズの欠点，いわゆる**収差**（aberration）を求める。最初から収差が良好に除去されているようなことはあり得ないから，設計者はそのレンズを構成している個々の構成要素をいろいろ変化させて，収差が全般に小さくなるようにしなければならない。この場合，像面上数個所の位置での収差を同時に考慮しなければならないし，自由に変化させ得る構成要素の数も多いから，どうしたら最も良く目的を達成できるか見出すことは容易ではない。しかも，こういった一連の作業にはばくだいな計算を伴うから，それに付随して必然的に発生する各種の誤算を適確に除外して，判断を誤らないように処理しなければならない。こういう状況の中に置かれた設計者の立場をたとえていうなら，重荷を背負って，見通しの悪いジャングルの中を，目的地に向かって進まなければならないのに似ている。

設計者の直面するこういった困難を緩和するには，次のことが必要である。

i）誤算を検出するための何らかのチェック機能が設計体系の中に組み込まれていること。

ii）設計が見通しよく進められるような，何らかの機能を備えた方法が確立され，かつ設計手順がそれを基盤にして体系づけられていること。

大局的にみるならば，レンズ設計技術の進歩は，ほぼこの線に沿って行なわれてきたということができる。i）については，K. F. Gauss の確立した**近軸理論**（Gaussian optics）に基づく各種の方法がくふうされ，またii）にあげた機能を果たす方法としては，**収差論**（aberration theory）が開発されてその役割を果たし，同時に i）に対する間接的な役割をも果たしている。コンピュータが登場したことによって，かつて人間が計算を処理していた当時の計算能力の制約は一挙に除去されることになったが，設計者が人間であることによって起こる各種のエラーがはいることは避けられないから，i）の条件はやはり無視することができない。またコンピュータの生み出す膨大な情報を設計に無駄なく生かすためには，それらを整理分析するためのよりどころがなければならない。これは前記 ii）の条件の新しい側面であって，この目的のためにも収差論が有効に活用できる。以上のような訳で，本書では，近軸理論と収差論の応用に特に重点を置くことにしたい。また，本書の標題は“レンズ設計法”となっているが，その対象とする結像系は，いわゆるレンズの集まりから成り立っているものばかりではなく，反射面を含むようなものであっても一向に差支えない。そこで，今後そういう一般化された結像系を指していう場合には，**光学系**（optical system）という言葉を使うことにしたい。

先に述べたように，レンズ設計では光学系の収差と構成要素との間の複雑な相関関係を取り扱うのであるから，まず，光学系の構造と収差との間の基本的な関係を理解しておくことが大いに役に立つ。そこで，本論にはいるに先だって，まず序論で光学系の対称性という観点から得られる収差の基本的概念について述べたい。また本論では設計の道具ともいうべき近軸理論，光線追跡による性能評価，収差論とその応用の各項について，実用的な面に重点を置いて概説した後，それらを総合した設計の実際面に触れてみたい。

1.2 光学系の対称性と収差

A. 対称性の欠除としての収差

光学系の結像状態を調べるには，厳密には波動方程式までさかのぼらなければならないが，レンズ設計の過程では，一般に波長零の極限である幾何光学的な取り扱い——光の伝播を光線によって代表させる取り扱い——で充分であり，以下でもそれに従う。そこでまず，被写体の一点から出て，その点に対応する**像点**（image point）の形成にあずかる一つの**光束**（pencil，光線の集合）の結像状態として，起こりうるいろいろな場合について考えてみることにしよう。このような考察については，M. Berek がその名著 "Grundlagen der praktischen Optik"[1] の冒頭できわめて論理的に行なっているので，以下その内容を紹介しよう。

光束による結像状態の良否を判断するのには，その光束を構成する光線群が像点近傍で，どのようなふるまいをするかを対称性の観点から分析するのが有効である。この場合，光束の中心を通る1本の光線を**主光線**（principal ray）といい，考察を進める上での基準にする。対称性の観点から像点近傍での光束を分類すると次の5段階になる。

i）回転対称軸とこれに垂直な対称平面が存在する場合。

ii）回転対称軸のみが存在する場合。

iii）互いに直交する二つの対称平面が存在する場合。

iv）唯一つの対称平面だけが存在する場合。

v）一つの対称平面も存在しない場合。

この中で i）は理想的な結像に対応し，v）は収拾のつかないまったく無統制な状態に対応するものであるが，普通の回転対称な光学系による結像では起こり得ない。そしてここにあげた五段階の上位にあるものほど対称性が良く，したがって，一般的に良い結像に対応する。以下もう少し具体的に説明しよう。

i）は1点に完全に収束する理想的な光束のことで，これを**同心光束**（homocentric pencil）という（図1.2）。この場合，光束は主光線を中心に回転対称で，かつ収束点を境にして進行方向の前後にも対称である。この進行の前後方向の対称性が失われたのが ii）であって，主光線の周囲の対称性だけが存在している。ここで行なっている分析では，収差は "対称性の欠除" として定義され，そして ii）が i）に対してもっている欠陥（対称性の欠除）を

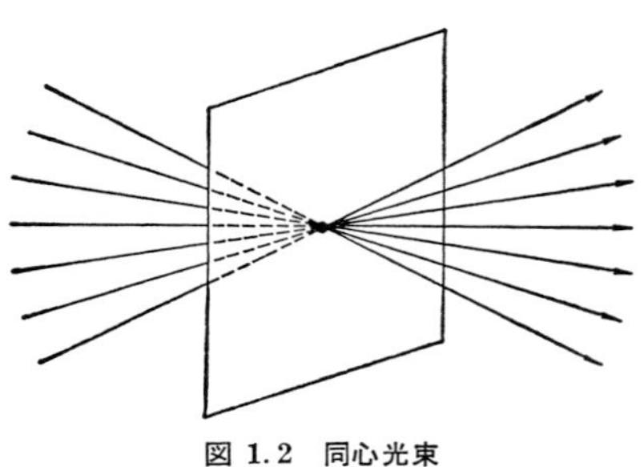

図 1.2　同心光束

球面収差（spherical aberration）という。光束を構成する光線群によって作られる包絡面は明るい面となるので，これを**火面**（caustics）といい，この火面が切断面上で作る交線を火線という。ii）に属するような光束の場合，火面は主光線を軸とする回転面となり，軸上で突起を作る。この突起の先端は，主光線近傍の無限に細い光束が収束する点に対応する。図 1.3 は，このような光束の対称軸を含む断面を示したもので，太い実線が火線である。

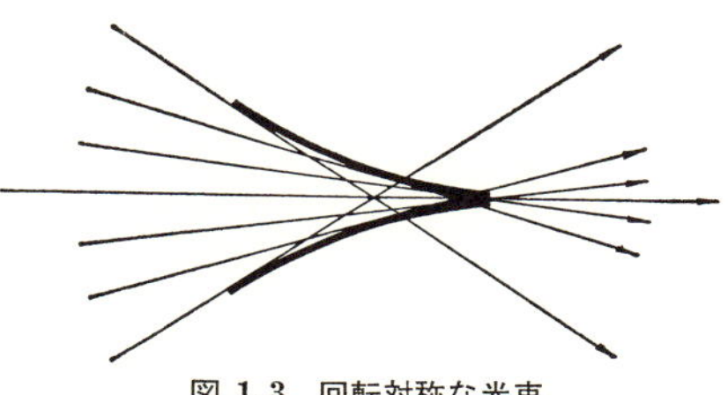

図 1.3 回転対称な光束

対称性がさらに低下すると回転対称性が失われてしまう。iii）は主光線を含んで互いに直交する対称平面が二つ存在する場合で，このような光束を**非点光束**（astigmatic pencil）という。この場合の二つの対称平面を光束の主切断面という。光束の主切断面上でのふるまいは主光線に関して対称であって，同心であるか，あるいは球面収差を伴っている（図 1.4）。したがって二つの主切断面上ではそれぞれが別の火線を形成し，それらの火線の突起の先端は一般には一致しない。そのズレ量を**非点隔差**（astigmatic difference）といい，その半分の値を**非点収差**（astigmatism）と呼んでいる。すなわち iii）の光束が，i）や ii）の光束に対してもっている欠陥が非点収差なのである。

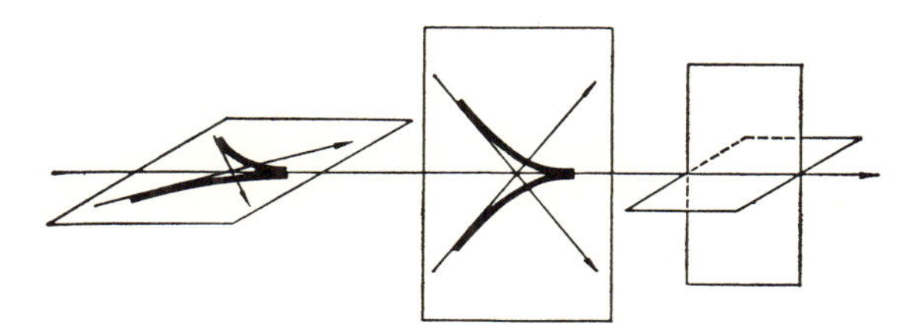

図 1.4 非点光束

光束の対称性がさらに悪くなったのが iv）であって，この場合には主光線を含む唯一つの対称平面だけが存在する。光束はこの対称平面に垂直な切断面上でだけ対称であって，この対称平面自体の上では非対称である（図 1.5）。このような光束が，対称性に関して上位にある光束に対してもっている欠陥を**コマ収差**（coma）という。

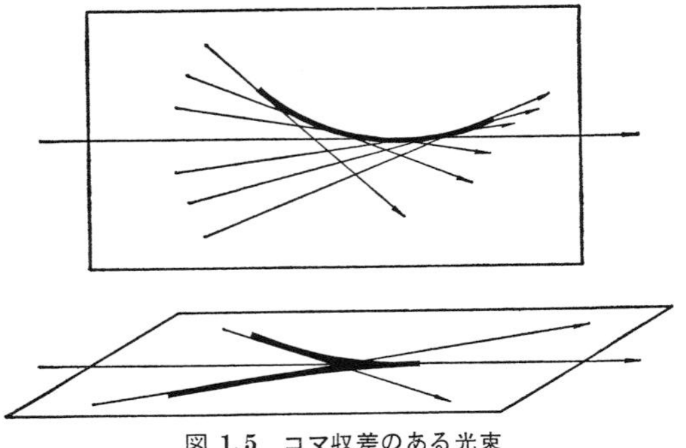

図 1.5　コマ収差のある光束

B.　光学系の対称性と収差

本書で取り扱う光学系の形状は，一つの基準軸のまわりに回転対称である。球面のみによって構成されている光学系では，各球面の曲率中心がすべてこの軸の上に並んでいる。この基準軸のことを**光軸**（optical axis）といい，光学系をこの軸のまわりに回転しても，結像関係はまったく同等である。図 1.6 において $\overline{\mathrm{OO'}}$ を光学系の光軸とし，O と O′ を通り光軸に垂直な yz 平面および $y'z'$ 平面をそれぞれ物体平面，像平面とする。P を y 軸上にとった最大画

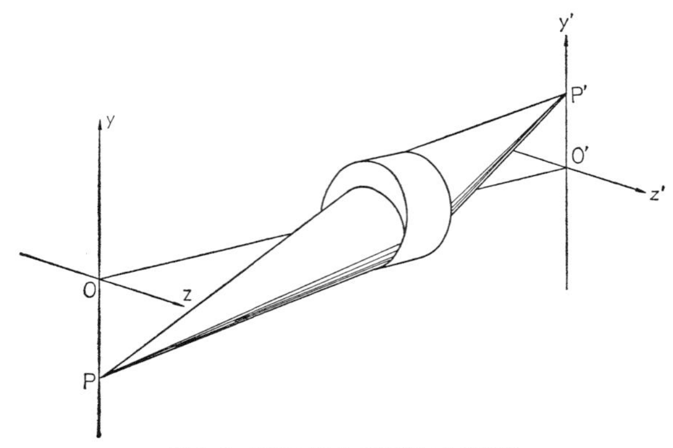

図 1.6　回転対称な光学系による結像

角に相当する軸外物点とすれば，今述べた光学系の回転対称性から，光学系の性能を調べるには，y 軸上OからPに至る間にある物点の結像を調べれば充分である。

光学系を実際に通過する光束の拡がりは絞りやレンズ枠などによって制限されるが，その際受ける影響は，物点が光軸上にある場合とそうでない場合とで異なる。まず物点が軸上Oにある場合を考えると，光学系が光軸を中心に回転対称であることから光束もまた回転対称で，主光線は光軸と一致する。そして光軸に垂直な断面は図 1.7 に示したように円形になる。この光束による結像を調べるには，Oから出て図 1.7 に太い実線で示した半径上に入射する平面光束について調べれば足りる。もしそれが1点に集まらないとすれば球面収差が存在することになる。

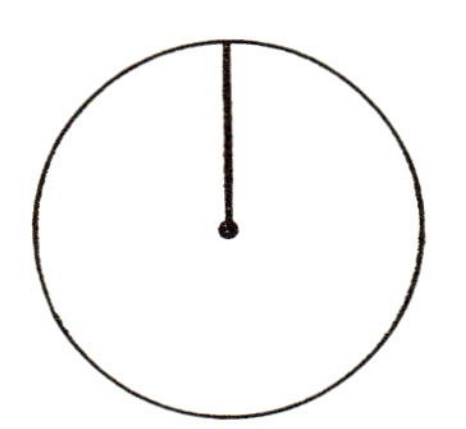

図 1.7 軸上結像光束の断面

次に軸外物点Pの結像について考える。この場合には，光束はいわば厚みのある丸い穴を斜めに通過するような状態になり，図 1.7 と同じ光軸上の位置での光軸に垂直な光束の切断面は図 1.8 のようになる。すなわち，断面は円ではなくなり，かつレンズ枠によるケラレのため多くの光学系では面積も小さくなる。この現象を**口径蝕**（vignetting）という。いずれにしても，軸外物点から射出する光束の場合，主光線は光学系の光軸とは一致せず，唯一の対称平面として光軸とP点とを含む平面が存在するだけである。この対称平面のことを**子午切断面**（meridional plane）という。図 1.8 の M は，光軸に垂直な光束の切断面上におけるその位置を示したものである。対称平面が一つしか存在しないのであるから，この場合の光束は，特別の処置がとられない限りコマ収差を伴っていると考えなければならない。P点から出て，図 1.8 の M に沿って光学系に入射する平面光束を**子**

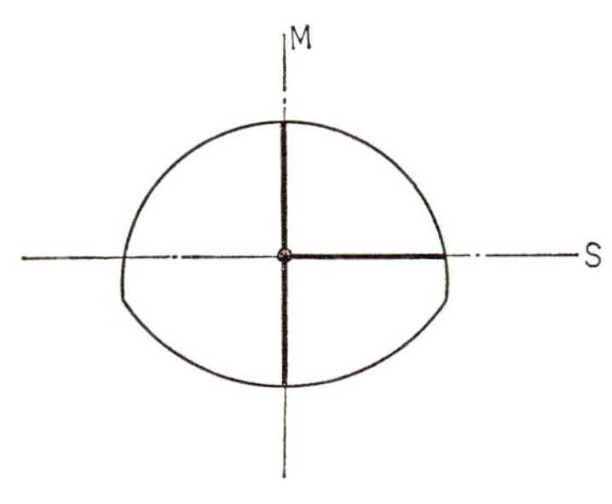

図 1.8 軸外結像光束の断面

午光束（meridional pencil），またその中に含まれる個々の光線を**子午的光線**（meridional ray）と呼ぶ。一般に子午光束には対称性の保証がないから，その結像を調べるには M に沿った太い実線で示したように，光束全体について調べる必要がある。子午光束の非対称性，すなわちコマ収差の現われ方には二通りあり，外向性コマと内向性コマとが区別される（図 1.9）。物界で主光線を含み，子午切断面に垂直な切断面を**球欠切断面**（sagittal plane）と呼ぶ。図1.8のSが光束中でのその位置を示している。物点Pから出て，球欠切断面に沿って光学系に入射する平面光束を**球欠光束**（sagittal pencil），またその中に含まれる個々の光線を**球欠的光線**（sagittal ray）と呼ぶ。球欠光束は子午切断面に関しては対称であるが，球欠切断面自体は対称平面ではないから，それに垂直な方向には非対称なふるまいをする。すなわち，球欠光束は光学系に入射する時には平面光束であるが，光学系から射出した時には一般に平面光束ではなくなっている。もちろん，球欠光束は子午切断面に関しては対称なのであるから，子午切断面に関して対称な1対の球欠的光線は，像界で交わる時，子午切断面上で交わるが，その交点は一般に主光線上から外れている。したがって球欠光束全体としては，子午切断面に関して対称な溝状を呈する（図 1.10）。これを**溝状収差**と呼ぶのであるが，これはコマ収差の一つの形態で，やはりその現われ方によって外向性と内向性の区別がある。球欠光束は子午切断面に関しては対称であるから，その結像を調べるには，図 1.8 に太い実線で示したように半分について調べれば足りる。

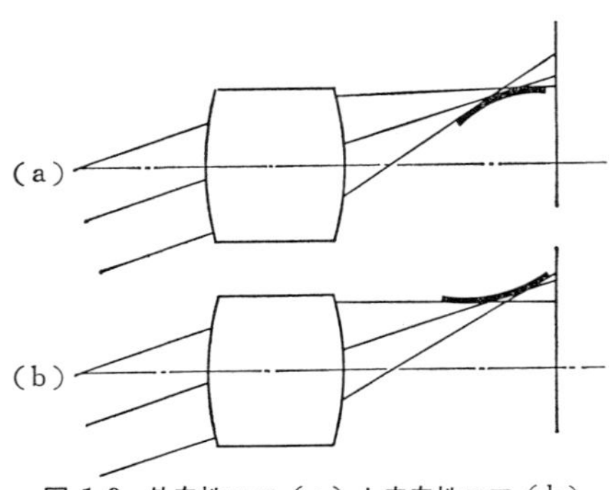

図 1.9　外向性コマ（a）と内向性コマ（b）

コマ収差を補正して光束の非対称性を除去した光学系を isoplanatic であるという。このような光学系で，さらに球面収差を補正したものを aplanatic であるという。光学系が aplanatic であれば，光軸上の物点Oが像空間の対応す

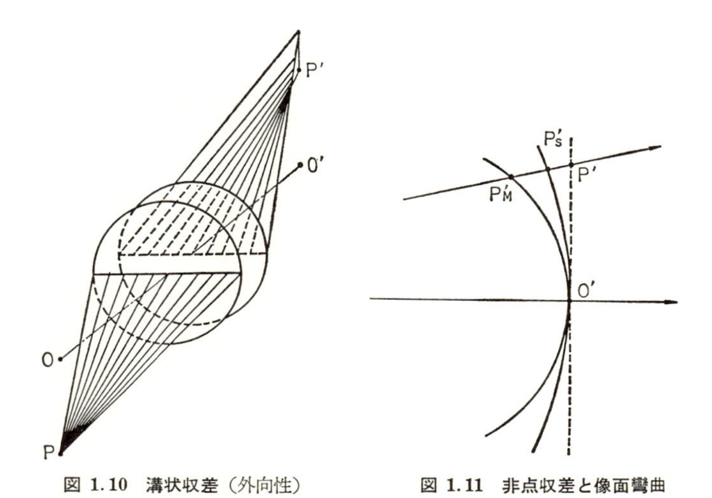

図 1.10 溝状収差（外向性）

図 1.11 非点収差と像面彎曲

る点 O′ に無収差に結像されることは保証されるけれども，軸外物点 P の結像に関してそのような保証はない。先に述べたところからわかるように，軸外について期待できることは，光束が二つの対称平面をもつ非点光束になることである。球面収差が除かれているから，平面的な子午光束と球欠光束とは，図 1.11 に示したように，それぞれの収束点 P_M' と P_S' とに無収差に結像されるであろう。そしてこの P_M' と P_S' とは一般に一致せず，しかもそれらは軸上像点 O′ において光軸に垂直に立てた像平面上にもないであろう。すなわち，鮮鋭な結像を与える像面は一般に平面ではなく，子午光束が鮮鋭に結像する彎曲した子午像面と，球欠光束が鮮鋭に結像する彎曲した球欠像面とが別個に存在し，これらは軸上像点 O′ において互いに接することになろう。したがって，O′ を通る像平面上では軸外物点の鮮鋭な像を得ることができない訳で，これらの欠陥を子午像面彎曲および球欠像面彎曲と呼ぶ。あるいはこれらの欠陥を，P_M' と P_S' とが一致しないことと，それらが像平面上にないということとに分類し直して，非点収差および**像面彎曲**（curvature of field）と呼ぶこともある。すでに述べたように P_M' と P_S' との間の距離を非点隔差，またその半分の値を非点収差という。非点収差が除去されて，子午像面と球欠像面とが一致した光学系を anastigmatic であるといい，その上さらに像面彎曲が除かれたものを一般的に anastigmat と呼んでいる。

これまでに行なってきた考察は，いずれも物体平面上の点が像平面上の1点として結像されねばならないという観点に立ったものであった。しかし，理想的な結像が行なわれるためには，このほかに物体と像との間の相似関係が保たれねばならない。もし物体平面上の任意の2点間の距離と，それらに対応する像平面上の2点間の距離との間に結像倍率で与えられる一定の比例関係が存在すれば，この相似関係が保証される。もしそうでなければ，相似関係が成り立たなくなる。この欠陥を**歪曲**（distortion）という。よく知られているように，歪曲には真四角の図形が糸巻状に歪む糸巻型歪曲と樽型に歪む樽型歪曲とがある。歪曲は像のゆがみだけに関係し，鮮鋭度には関係しない。

さらに実際の結像では，以上述べた事項のほかに，光の波長による結像の変化を考慮に入れなければならない。これまでに行なってきた考察は，実はある特定の波長に関するもので，それを暗黙のうちに仮定していたからである。

光線が光学系の個々の面を通過するときに受ける光路変化は，個々の面の両側の媒質の屈折率の相対的な比率によって決まる。光学系を構成するガラスの本質的な性質として，その屈折率は光の波長によって異なる（これを分散という）ので，光学系による結像は光の波長によって差ができる。すなわち，ある特定の波長について収差が完全に除かれていても，すべての波長を含んだ白色光による像には，波長による欠陥，いわゆる**色収差**（chromatic aberration）が現われる。色収差には，結像位置の光軸方向のズレとして現われる**軸上色収差**（longitudinal chromatic aberration）と，像の大きさ（あるいは倍率）のズレとして現われる**倍率の色収差**（lateral chro-

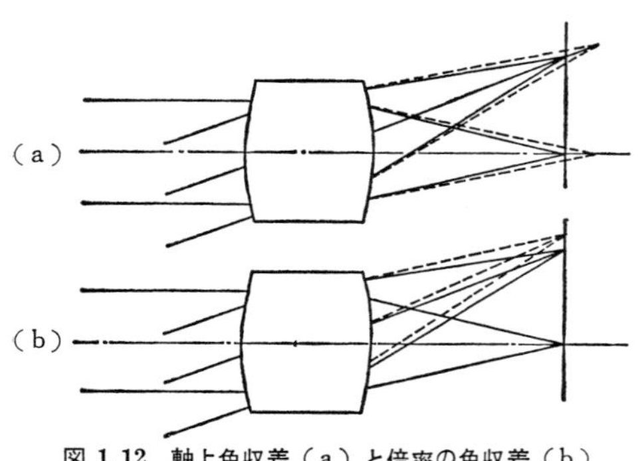

図 1.12　軸上色収差（a）と倍率の色収差（b）

matic aberration）とがある（図 1.12（a),（b）参照)。この二つの色収差が同時に除かれたとき，はじめて波長による結像の変化が画面全体にわたって除かれることになる。

総括すると，光学系の結像を損う基本的な収差として，次の7種類をあげることができる。

i ）単色光に関する5収差

球面収差

コマ収差（溝状収差を含む）

子午像面彎曲 （または 非点収差

球欠像面彎曲 　　　　 像面彎曲）

歪曲

ii ）2種類の色収差

軸上色収差

倍率の色収差

以上，Berek の考察を中心にして述べてきたが，結局，収差の基本概念は，数式を用いなくても対称性という観点からの考察によって得られるのである。設計過程で行なう光線追跡では，光線の追跡本数を必要最少限度に絞ることが，単に無駄な計算を減らすためばかりでなく，設計者を混乱させる過剰な情報を極力減らすために必要で，その際ここで行なったような考察が大いに役立つであろう。また，ここで導いた個々の収差の概念を，さらに量的な関係まで分析しようとするのが収差論であって，これについては第4章で述べる。

第 2 章
近 軸 理 論

2.1　幾何光学の前提と近軸理論

第1章で述べたように，光学設計の過程は光の伝播を光線で代表させる幾何光学的な取り扱いに立脚している。**幾何光学**（geometrical optics）の前提は，よく知られているように次の三つの法則である。

i ）均等な媒質を通過する光は直進する。

ii）個々の光線は互いに無関係で干渉はしない。

iii）異なる媒質の境界を通過する際には，屈折および反射の法則に従う。

iii）は Snell の法則に集約される。すなわち，入射光線，屈折光線と境界面の法線とは同一平面上にあり，かつ媒質の屈折率を N, N' とするとき，入射角 i と屈折角 i' に関して

$$N \sin i = N' \sin i' \tag{2.1}$$

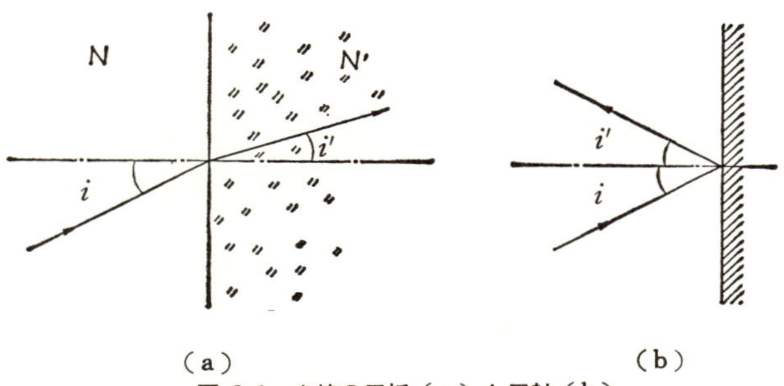

図 2.1　光線の屈折（a）と反射（b）

なる関係が成り立つ（図 2.1 (a) 参照)。反射の場合は $i'=-i$ となるが（図 2.1 (b))，これは $N'=-N$ と形式的に置くことにより (2.1) の中に含めることができる。以後本書の式では，いずれも反射を特別扱いすることなく，屈折に関する式の運用の仕方によって処理することにする。

さて，光学系を設計する場合，収差論や光線追跡によって収差を補正することは，いわば肉づけに相当するものであって，その前にまず骨組ともいうべき全体の尺度や理想的な結像の条件が明確になっていなければならない。これを与えるのがここで取り扱う近軸理論である。近軸理論は，光学系の光軸近傍の極限の結像関係を取り扱うものであって，光線が光軸となす角度 u に関して，$\sin u=\tan u=u$ とおくことによって導かれる。しかし，近軸理論の役割は，決して具体的な形がすでに与えられている光学系の一つの極限状態を与えるといった消極的なところにあるのではなく，まだ光学系の具体的な形がはっきりしていない設計の初期段階から，形が漸次具体化し，複雑化して行く過程を通じて，常に隠れた骨組として全体を秩序づけるところにある。また，そういう役割に適した理論体系を確立することがここでの目的でもある。

2.2 符号の規約

以後取り扱う光学系では，物体は光学系の左方にあり，物体から光学系に入射する光線は，左から右へ向かって進むものとする。光学系の面には，光線が遭遇する順序に順次 $1, 2, \cdots\cdots, \nu, \cdots\cdots, k$ なる番号を付して呼ぶことにする(反射面を含む光学系で同じ面を光線が重複して通過する場合には同じ面を重複して数える)。符号の規約の原則は次のとおりである。まず光軸を基準に上下に測る量は，上に測るとき正，逆のとき負とする。また，光軸方向に測る量は，すべて基点から右へ測るとき正，逆方向に測るとき負とする。以上の原則に従って，構成要素に関しては次のように約束する。

i) 曲率半径 r_ν は面の頂点から曲率中心に至る距離である。したがって曲率中心が面の頂点の右にあるとき正，左にあるとき負とする。

ii) 面間隔 d_ν' は ν 面の頂点から $\nu+1$ 面の頂点に至る距離である。した

がって $\nu+1$ 面の頂点が ν 面の頂点より右にあるとき正，左にあるとき負とする（負の値は光学系の中の反射面を含む場合に起こる）。

iii）媒質の屈折率 N_ν, N_ν' の符号は光線がその媒質内を右向きに通過するとき正，左向きに通過するとき負とする。

角度の符号は以上の約束によっておのずから定まる。

2.3　1個の屈折面および1個の薄肉レンズによる結像

まず，回転対称な1個の屈折面による結像について考える。この面の光軸近傍の曲率半径を r とする。図 2.2 に示したように，光軸と u なる角度をなす光線が面頂点から s の位置で光軸と交わるように入射し，屈折後は光軸と u' なる角度をなし，面頂点から s' の距離で光軸と交わるとすれば，明らかに

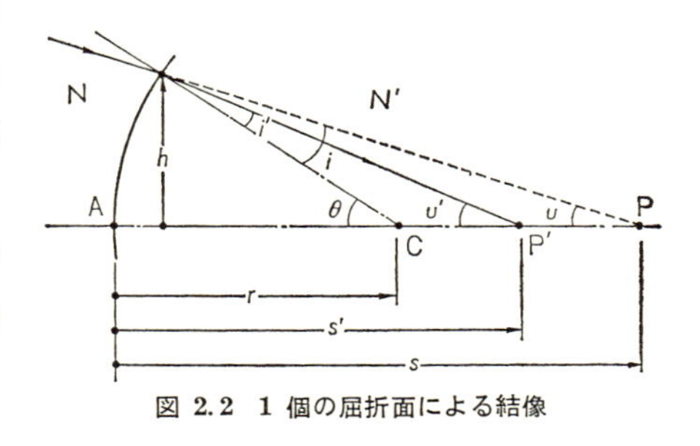

図 2.2　1 個の屈折面による結像

$$i=\theta-u,\quad i'=\theta-u'$$

が成り立つが，近軸関係であることに注意すれば，Snell の法則（2.1）は $Ni=N'i'$ となるから

$$N(\theta-u)=N'(\theta-u') \tag{2.2}$$

を得る。ところで光線の面への入射高 h を用いると

$$\theta=\frac{h}{r},\quad u=\frac{h}{s},\quad u'=\frac{h}{s'}$$

と書けるから，これを（2.2）に代入すれば

$$N\left(\frac{1}{r}-\frac{1}{s}\right)=N'\left(\frac{1}{r}-\frac{1}{s'}\right) \tag{2.3}$$

を得る。この式の左辺または右辺が Abbe の不変量として知られているものである。あるいは移項して次の形に書ける。

$$\frac{N'}{s'}=\frac{N}{s}+\frac{N'-N}{r} \tag{2.4a}$$

あるいはさらに u, u' を用いて表わせば次のようになる。

$$N'u'=Nu+\frac{N'-N}{r}h \qquad (2.4b)$$

次に1個の**薄肉レンズ**（thin lens），すなわち屈折率1なる媒質中に置かれた厚さ零の仮想的なレンズの結像について考える。レンズを構成するガラスの屈折率を N，両面の光軸近傍の曲率半径を r_1, r_2 とする。図 2.3 に示すように，薄肉レンズから s なる距離に結像するように入射した光線が，レンズで屈折されて s' なる距離に結像するとする。この場合には（2.4a）をレンズの両面について2回適用し，その際第1面による s' が第2面の s になることに注意すればよく，途中の過程を省略して結果のみ示せば

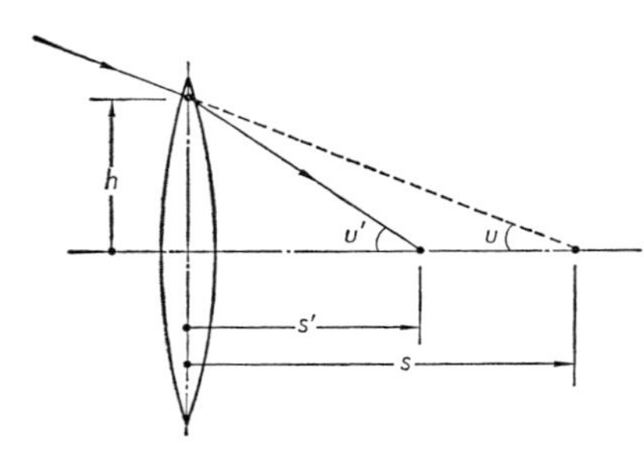

図 2.3　薄肉レンズによる結像

$$\frac{1}{s'}=\frac{1}{s}+(N-1)\left(\frac{1}{r_1}-\frac{1}{r_2}\right)$$

となる。$s\to\infty$ としたときの s' を薄肉レンズの焦点距離と呼び f で表わす。そして f の逆数を power と呼び φ で表わす。上式から明らかに

$$\varphi\equiv\frac{1}{f}=(N-1)\left(\frac{1}{r_1}-\frac{1}{r_2}\right) \qquad (2.5)$$

である。そこで薄肉レンズの結像は（2.4a）に対応して

$$\frac{1}{s'}=\frac{1}{s}+\varphi \qquad (2.6a)$$

で表わされる。これは一般によく知られた公式である。あるいは（2.4b）にならって u, u' を用いて表わせば

$$u'=u+h\varphi \qquad (2.6b)$$

という簡単な関係になる。

2.4 光学系の近軸追跡

A. 多くの薄肉レンズより成る光学系の近軸追跡

図 2.4 に示すように k 個の薄肉レンズが屈折率 1 なる媒質中に配列されて

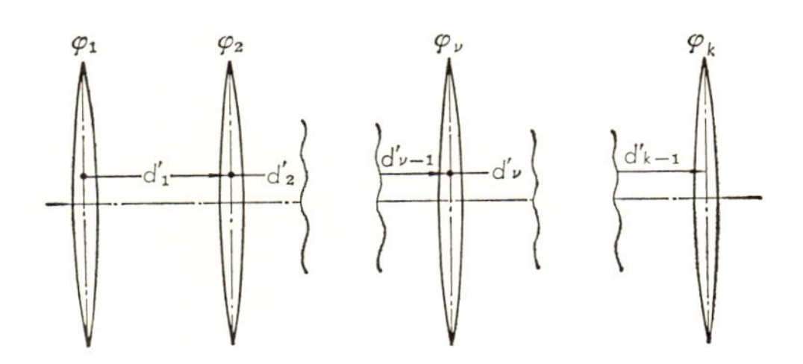

図 2.4 薄肉レンズの系列から成る光学系

成り立つ光学系において，第 1 レンズに対する物体距離 s_1 を与えて，最後のレンズによる近軸結像位置 s_k' を計算する問題である。薄肉レンズの power を $\varphi_1, \varphi_2, \cdots, \varphi_k$，レンズ間隔を $d_1', d_2', \cdots, d'_{k-1}$ とする。

i)（2.6a）式により計算する場合。

$$\left.\begin{aligned} \frac{1}{s_\nu'} &= \frac{1}{s_\nu} + \varphi_\nu, \\ s_{\nu+1} &= s_\nu' - d_\nu' \end{aligned}\right\} \tag{2.7}$$

を反復使用して s_k' を求める。

ii)（2.6b）式により計算する場合。

$$\left.\begin{aligned} &u_\nu' = u_\nu + h_\nu\varphi_\nu, \\ &u_{\nu+1} = u_\nu', \quad h_{\nu+1} = h_\nu - d_\nu' u_\nu' \end{aligned}\right\} \tag{2.8}$$

を反復使用して u_k' と h_k とを計算した後（図 2.5 参照），s_k' を次により求める。

$$s_k' = \frac{h_k}{u_k'} \tag{2.9}$$

ただしこの場合，h_1 は任意に与えてさしつかえないが，u_1 の値には $u_1 = h_1/s_1$ なる関係によって決まる値を与えなければならない。

上記二つの方法のうち，ii）の方法は初心者には何となくなじみにくいものであるが，実際にはあらゆる点で i) よりもすぐれており，この方法を自由に使えるようになることが光学設計に熟達する最初の関門であるといっても良いくらいである。ii) がすぐれている理由は i) が何度も逆数をとらねばならないのに比べて計算がはるかに簡単であること，後に示すところからわかるように横倍率や焦点距離などの計算が i) によるよりもはるかに簡単であること，i) では像のできる位置しかわからないのに対して h の値から光束の幅の推定ができ，したがってたとえば必要なレンズ径の見積りが立てられることなどである。

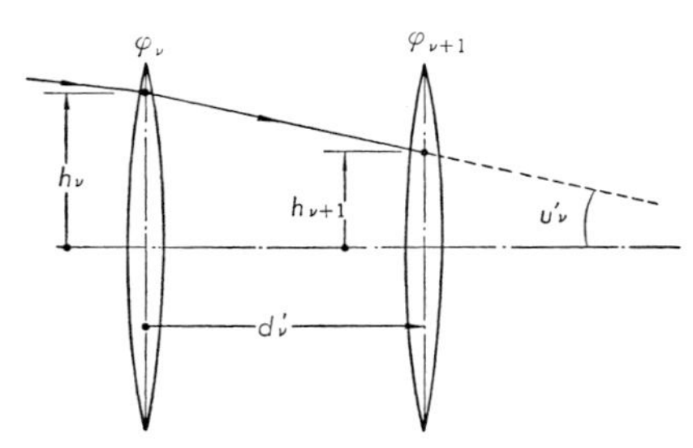

図 2.5　近軸光線のレンズ間の転移

もともと近軸光線は光軸に無限に接近した光線であるから，結像位置 s_ν, s_ν' だけが実際の意味をもち，入射高 h_ν とか角度 u_ν, u_ν' とかは単に相対的な比率を与えるに過ぎないものである。この辺の事情が初心者には理解されにくいようなので若干説明しておこう。たとえば h_ν を変形すると

$$h_\nu = h_{\nu-1} - d'_{\nu-1}u'_{\nu-1} = h_{\nu-1}\left(1 - \frac{d'_{\nu-1}}{s'_{\nu-1}}\right) = h_{\nu-1}\frac{s_\nu}{s'_{\nu-1}}$$

$$= \left(h_{\nu-2}\frac{s_{\nu-1}}{s'_{\nu-2}}\right)\frac{s_\nu}{s'_{\nu-1}} = \cdots\cdots = h_1\frac{s_2 \cdot s_3 \cdots\cdots s_\nu}{s_1' \cdot s_2' \cdots s'_{\nu-1}}$$

となって，h_1 の与え方に比例する量であることがわかる。同様に $u_\nu'(\equiv u_{\nu+1})$ についても

$$u_\nu' = u_\nu + h_\nu\varphi_\nu = h_\nu\left(\frac{1}{s_\nu} + \varphi_\nu\right) = h_1\frac{s_2 \cdot s_3 \cdots\cdots s_\nu}{s_1' \cdot s_2' \cdots s'_{\nu-1}}\left(\frac{1}{s_\nu} + \varphi_\nu\right)$$

となって，結局これも h_1 に比例する量であることがわかる。そこで，$s_\nu' = h_\nu / u_\nu'$ が h_1 の与え方にはまったく無関係であることは明らかであろう。h_1 の値として，任意の値を与え得ると先に述べたのはこの理由による。近軸量という本来の意味からすると，h_1 の値としてはきわめて小さい値を与えなければなら

ないように考えられるけれども，実際にはそんなことは忘れてさしつかえないのである。もし h_1 の値として，実際に光線追跡で光路を計算したいと思う値をそのまま与えたとすると，ii）で求めた u_ν, u_ν' などは実際の光線追跡を実行して求めた $\tan u_\nu, \tan u_\nu'$ に対応する理想値（個々の薄肉レンズが無収差であるときの値）を与えることになる。このことが ii）の方式の大きな利点なのである。

B.　一般の回転対称光学系の近軸追跡

ここで k 個の屈折面から成る一般的な回転対称光学系（図 2.6 参照）の近軸追跡を考えよう。この場合にも方法は二通りあるが，利点の多い上記の第2

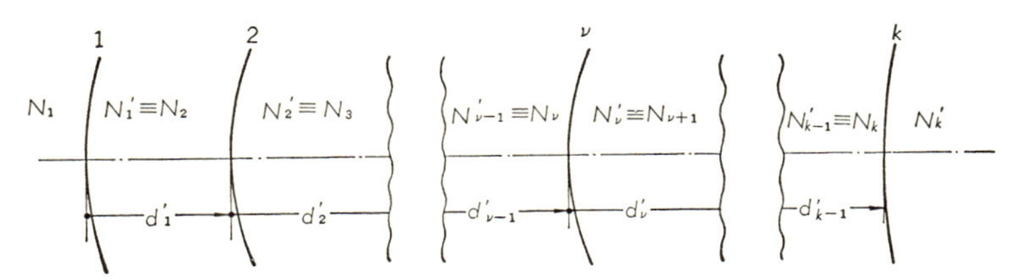

図 2.6　球面の系列から成る光学系

の方式に対応する方法だけを示すことにする。(2.4b) から (2.8) を参考にして直ちに次の追跡公式が得られる。

$$\left.\begin{aligned} N_\nu' u_\nu' &= N_\nu u_\nu + \frac{N_\nu' - N_\nu}{r_\nu} h_\nu, \\ u_{\nu+1} &= u_\nu', \quad h_{\nu+1} = h_\nu - d_\nu' u_\nu' \end{aligned}\right\} \tag{2.10}$$

ここでちょっとしたくふうをする。すなわち

$$\left.\begin{aligned} &\alpha_\nu \equiv N_\nu u_\nu, \quad \alpha_\nu' \equiv N_\nu' u_\nu'; \\ &\varphi_\nu \equiv \frac{N_\nu' - N_\nu}{r_\nu}, \quad e_\nu' \equiv \frac{d_\nu'}{N_\nu'} \end{aligned}\right\} \tag{2.11}$$

という量を新たに定義すれば，(2.10) が次の形に書けることは明らかである。

$$\left.\begin{aligned} &\alpha_\nu' = \alpha_\nu + h_\nu \varphi_\nu, \\ &\alpha_{\nu+1} = \alpha_\nu', \quad h_{\nu+1} = h_\nu - e_\nu' \alpha_\nu' \end{aligned}\right\} \tag{2.12}$$

これは (2.8) とまったく同じ形であることがわかる。

このことから，設計上都合の良い事実を引き出すことができる。すなわち，

任意の光学系を（2.11）で定義される φ_ν（これを面の power と呼ぶ）と e_ν'（これを換算面間隔と呼ぶ）とによって表現すれば，近軸関係に関しては，個個のレンズの power が φ_ν でレンズ相互の間隔が e_ν' であるような薄肉レンズの系列とまったく等価になるということである。そして α_ν と α_ν' は換算傾角と呼ばれ，この薄肉レンズの系列から成る（近軸関係についてまったく等価な）光学系の近軸量 u_ν, u_ν' と完全に対応する。このことは，すべての近軸関係が屈折率1なる媒質中に換算されて考えられることを意味している。そして，この変換された近軸関係の中では，光軸となす光線の傾角（たとえば α_ν と α_ν'）はそれぞれの属する媒質の屈折率を乗じた量に拡大され，また逆に，光学系の光軸方向の寸法（たとえば e_ν'）はすべてそれの属する媒質の屈折率で割った量に縮小されて取り扱われることになる。この事実を活用すれば，設計過程で，基本的な近軸関係を崩すことなく光学系の一部を複雑化し，あるいは別の形に置き換えるような作業が，きわめて合理的に行なえる。その具体的な手順については後で示すことにして，ここでは簡単な例として，平行平面ガラスの場合をあげよう。その厚みを d' とし，ガラスの屈折率を N とすると，近軸関係に関しては（2.11）により $\varphi_1=0$，$e'=d'/N$，$\varphi_2=0$ なる薄肉レンズの系列と等価になるが，power 零の薄肉レンズは何もないのと同じだから，結局この平行平面ガラスは近軸領域では厚さ d'/N なる空気層と同等ということになる。

さて，もとに戻って（2.12）による追跡値から s_ν, s_ν' などを求めるには

$$s_\nu=\frac{N_\nu h_\nu}{\alpha_\nu},\quad s_\nu'=\frac{N_\nu' h_\nu}{\alpha_\nu'} \tag{2.13}$$

によれば良い。追跡をはじめる際の最初の h_1 の値は任意に与えればよいが，α_1 の値は $\alpha_1=(N_1h_1)/s_1$ によって決まることは先程と同様である。

2.5　横倍率と焦点距離

A.　横　倍　率

まず簡単な1個の薄肉レンズの場合（図 2.7）から考えよう。レンズから物

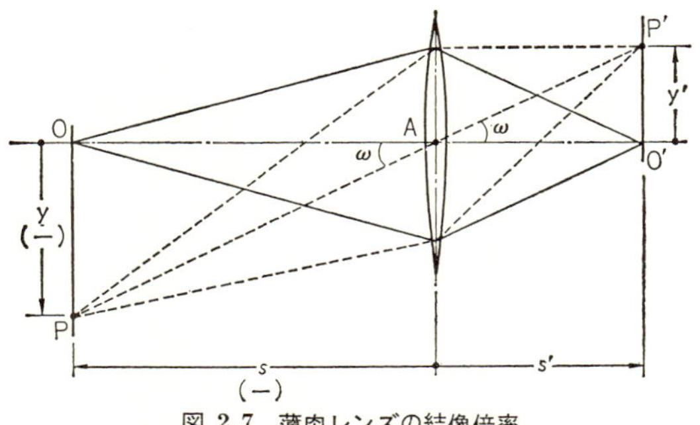

図 2.7 薄肉レンズの結像倍率

体平面，像平面までの距離をそれぞれ s, s' とし，物体 $\overline{PO}$ とその像 $\overline{P'O'}$ の大きさをそれぞれ y, y' とする。いま物点Pから出て薄肉レンズの中心Aに入射する近軸光線を補助的に考えると，この光線はレンズ通過後も方向を変えない（(2.6b) 式で $h=0$ とすれば $u'=u$ となる）から PAP' は一直線上にある。したがって，**横倍率** (lateral magnification) β は次の関係で表わされる。

$$\beta \equiv \frac{y'}{y} = \frac{s'}{s} = \left(\frac{h}{u'}\right) \Big/ \left(\frac{h}{u}\right) = \frac{u}{u'} \tag{2.14}$$

そこで，k 個の薄肉レンズから成る光学系の総合的な横倍率は

$$\beta = \beta_1 \cdot \beta_2 \cdots\cdots \beta_k = \frac{s_1' \cdot s_2' \cdots s_k'}{s_1 \cdot s_2 \cdots\cdots s_k} = \frac{u_1 \cdot u_2 \cdots\cdots u_k}{u_1' \cdot u_2' \cdots u_k'}$$

となるが，$u_\nu' \equiv u_{\nu+1}$ なることに注意すれば，結局

$$\beta = \frac{u_1}{u_k'} \tag{2.15}$$

となる（角度 u, u' を用いると式が簡単な形になる点に注意）。

k 個の球面から成る一般の光学系については，先程述べたように，近軸領域で完全に等価な薄肉レンズの系列に置換できることから，直ちに横倍率として

$$\beta = \frac{\alpha_1}{\alpha_k'} \tag{2.16}$$

を得る。

今までは薄肉レンズの系列から成る光学系を特別に取り扱ってきたが，むし

ろこのような光学系は一般光学系の特殊な場合と考えられるから，以後は一般光学系の中に含めることにしていちいち言及することは止める。

B. 焦 点 距 離

やはり最も簡単な1個の薄肉レンズの場合から考えよう。薄肉レンズの**焦点距離**（focal length）は

$$f=(s')_{s\to\infty} \qquad (2.17)$$

で定義され，無限遠にある物体の像の大きさは図 2.7 から

$$y'=f\tan\omega \qquad (2.18)$$

で与えられることがわかる。

k 個の球面から成る一般の光学系の焦点距離を考えるのには，この（2.18）を手がかりにする。すなわち，屈折率1なる媒質中で視角 $\hat{\omega}$ をもつ無限遠の物体の像 y_k' がちょうど同じ大きさになるような1個の薄肉レンズの焦点距離を以て，その光学系の焦点距離とするのである。これを式で表わすと

$$y_k'=f\tan\hat{\omega}=f\{(N_1y_1)/s_1\}_{s_1\to\infty}$$

となるから，f は

$$f=\left(\frac{s_1}{N_1}\frac{y_k'}{y_1}\right)_{s_1\to\infty}=\left(\frac{s_1}{N_1}\beta\right)_{s_1\to\infty}=\left(\frac{s_1}{N_1}\cdot\frac{s_1'\cdot s_2'\cdots\cdots s_k'}{s_1\cdot s_2\cdots\cdots s_k}\right)_{s_1\to\infty}$$

$$=\left(\frac{s_1'}{N_1}\cdot\frac{s_2'\cdot s_3'\cdots\cdots s_k'}{s_2\cdot s_3\cdots\cdots s_k}\right)_{s_1\to\infty}$$

と書けるが，これを α と α' とを用いて表現すれば

$$f=\left(\frac{s_1}{N_1}\beta\right)_{s_1\to\infty}=\left\{\left(\frac{h_1}{\alpha_1}\right)\left(\frac{\alpha_1}{\alpha_k'}\right)\right\}_{\alpha_1=0}=\left(\frac{h_1}{\alpha_k'}\right)_{\alpha_1=0} \qquad (2.19\text{a})$$

となる。これが一般光学系の焦点距離を定義づける式である（この場合にも傾角 α や α' を用いる表現の方がはるかに簡単になることに注意）。焦点距離が実際の光学系でどういう物理的意味をもつかについては，主点と焦点の項で述べる。なお，焦点距離 f の逆数を光学系の power として次のように定義する。

$$\varphi\equiv\frac{1}{f}=\left(\frac{\alpha_k'}{h_1}\right)_{\alpha_1=0} \qquad (2.19\text{b})$$

2. 6　Helmholtz-Lagrange の不変量

一般光学系の中の任意の面 ν 前後の結像に関する横倍率の式

$$\beta_\nu=\frac{y_\nu'}{y_\nu}=\frac{\alpha_\nu}{\alpha_\nu'}$$

から直ちに

$$\alpha_\nu y_\nu=\alpha_\nu' y_\nu'$$

を得るが，$\alpha_\nu'\equiv\alpha_{\nu+1}, y_\nu'\equiv y_{\nu+1}$ なる関係に注意すれば，結局光学系全体を通じて次の等式が成り立つことがわかる。

$$\alpha_1 y_1=\alpha_1' y_1'=\cdots\cdots=\alpha_\nu y_\nu=\alpha_\nu' y_\nu'=\cdots\cdots=\alpha_k' y_k' \qquad (2.20)$$

この式における各項が Helmholtz-Lagrange の不変量と呼ばれるものである。Abbe の不変量が一つの面前後についてだけの不変量であるのに比べ，Helmholtz-Lagrange の不変量は光学系全体を通しての不変量であって，きわめて応用範囲が広い。

(2. 20) は結像位置が s_ν, s_ν'，像の大きさが y_ν, y_ν' で与えられるような一連の結像の系列についての関係式であるが，これにもう1組の別の結像の系列を導入した場合の関係式を求めよう。この新しい結像系列の像点位置を t_ν, t_ν'，像の大きさを η_ν, η_ν' で表わすことにする。ここで結像系列 s_ν, s_ν' の近軸光線に特別の意味をもたせる（図 2.8 参照）。すなわち，s_ν, s_ν' で指定される軸上結像点を通る近軸光線の初値 h_1 は任意に選べるから，この近軸光線が結像系列 t_ν, t_ν' の第1像高 η_1 の先端を通過するように選ぶことが可能である。ところで，s_ν, s_ν' で指定される第1の系列に関する結像も，t_ν, t_ν' で指定される第2の系列に関する結像も，同

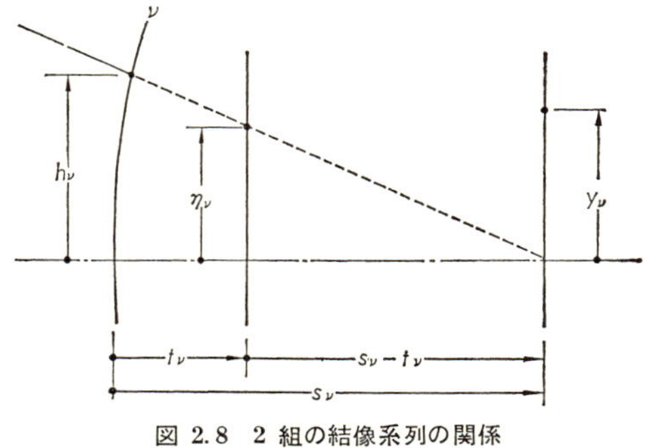

図 2.8　2 組の結像系列の関係

じ光学系によって行なわれるのであるから，このような h_1 の値を選んで追跡される第1系列の近軸光線は，図 2.8 に示すように，任意の空間で必ず第2系列の近軸像高 η_ν の先端を通過することが保証される。したがって，図 2.8 により，h_ν は

$$h_\nu=\frac{s_\nu}{s_\nu-t_\nu}\eta_\nu$$

なる関係で η_ν と結ばれることになり，次の式が導かれる。

$$\alpha_\nu y_\nu=\frac{N_\nu h_\nu}{s_\nu}y_\nu=\frac{N_\nu\eta_\nu y_\nu}{s_\nu-t_\nu} \tag{2.21}$$

そこで，Helmholtz-Lagrange 不変量の第2の形式が次のように導かれる。

$$\frac{N_1\eta_1 y_1}{s_1-t_1}=\frac{N_1'\eta_1'y_1'}{s_1'-t_1'}=\cdots\cdots=\frac{N_\nu\eta_\nu y_\nu}{s_\nu-t_\nu}=\frac{N_\nu'\eta_\nu'y_\nu'}{s_\nu'-t_\nu'}=\cdots\cdots=\frac{N_k'\eta_k'y_k'}{s_k'-t_k'} \tag{2.22}$$

2.7　主点，焦点および節点

ここで早速 Helmholtz-Lagrange の不変式を利用しよう。(2.22) より

$$\frac{N_1\eta_1 y_1}{s_1-t_1}=\frac{N_k'\eta_k'y_k'}{s_k'-t_k'}$$

であるが，結像系列 $s_1\sim s_k'$ の横倍率を β_s，結像系列 $t_1\sim t_k'$ の横倍率を β_t と書いて区別すれば，

$$\beta_s\equiv\frac{y_k'}{y_1},\quad \beta_t\equiv\frac{\eta_k'}{\eta_1}$$

であるから，次のように書き換えられる。

$$\frac{s_k'-t_k'}{s_1-t_1}=\frac{N_k'}{N_1}\beta_s\beta_t \tag{2.23}$$

ところで，光学系の**主点** (principal points) とは近軸横倍率が1になるような軸上の**共役点** (conjugate points, 互いに物点と像点の関係にある1対の点) のことである。今，このような1対の点が光学系の第1面から o_1，最終面（第 k 面）から o_k' の距離にあるとする。(2.23) で $t_1=o_1$ になるようにとれば，必然的に $t_k'=o_k'$ となり，このとき $\beta_t=1$ となる。そこで (2.23) は

$$\frac{s_k'-o_k'}{s_1-o_1}=\frac{N_k'}{N_1}\beta_s \tag{2.24}$$

と書き換えられる。

さて，光学系の**像側焦点**（focal point of the image space）F′ とは無限遠の軸上物点に対応する像界の共役点であって，その位置を最終面から $s_k'(\mathrm{F}')$ の距離にあるとすれば，$s_k'(\mathrm{F}')$ は

$$s_k'(\mathrm{F}')=(s_k')_{s_1\to\infty}$$

によって与えられる。またこのとき

$$\left(\frac{s_1}{N_1}\beta_s\right)_{s_1\to\infty}=f$$

なる関係が成り立つことに注意すれば，(2.24) より次の関係式を得る。

$$s_k'(\mathrm{F}')-o_k'=N_k'f \tag{2.25}$$

再び (2.23) に戻って若干変形すれば

$$\frac{1-\dfrac{t_k'}{s_k'}}{s_1-t_1}=\frac{N_k'}{N_1}\frac{\beta_s}{s_k'}\beta_t=\frac{\alpha_1}{N_1h_k}\beta_t$$

となる。一方，光学系の**物体側焦点**（focal point of the object space）F とは無限遠の軸上像点に対応する物界の共役点であって，その位置を第1面から $s_1(\mathrm{F})$ の距離にあるとすれば，$s_1(\mathrm{F})$ は

$$s_1(\mathrm{F})=(s_1)_{s_k'\to\infty}$$

によって与えられる。これを上式に適用すれば，次の関係式が得られる。

$$\frac{1}{s_1(\mathrm{F})-t_1}=\left(\frac{\alpha_1}{N_1h_k}\right)_{\alpha_k'=0}\cdot\beta_t \tag{2.26}$$

これをちょっと変形すれば

$$\frac{1}{\dfrac{s_1(\mathrm{F})}{t_1}-1}=\left(\frac{\alpha_1}{h_k}\right)_{\alpha_k'=0}\left(\frac{t_1}{N_1}\beta_t\right)$$

となるが，$t_1\to\infty$ のとき $\left(\dfrac{t_1}{N_1}\beta_t\right)\to f$ であるから

$$\left(\frac{\alpha_1}{h_k}\right)_{\alpha_k'=0}=-\frac{1}{f} \tag{2.27}$$

と表わせる。これを (2.26) に代入すれば

$$\frac{-N_1 f}{s_1(\mathrm{F})-t_1}=\beta_t \tag{2.28}$$

を得る。ここでさらに $t_1=o_1$ とすれば $\beta_t=1$ となるから，結局

$$o_1-s_1(\mathrm{F})=N_1 f \tag{2.29}$$

を得る。

(2.25) および (2.29) の意味する内容を図示したのが図 2.9 である。そこ

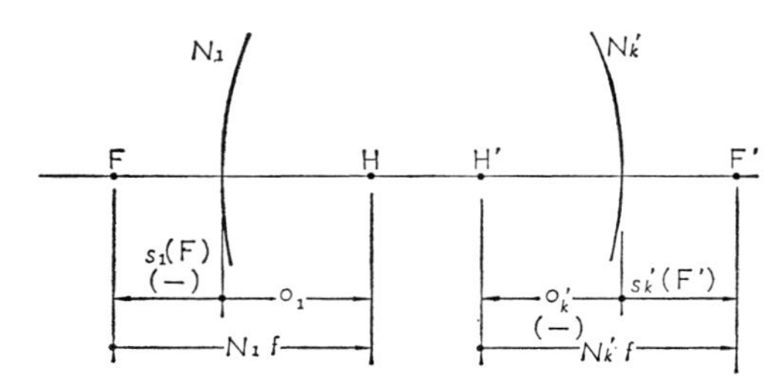

図 2.9　光学系の主点と焦点と焦点距離

で，光学系の焦点距離の物理的な意味が，物体側主点 H，物体側焦点 F，像側主点 H'，像側焦点 F' と関連づけて次のように表現できる。“光学系の焦点距離とは，物体側焦点から物体側主点に至る距離を，物界の屈折率で割った値をいう。あるいは，像側主点から像側焦点に至る距離を，像界の屈折率で割った値をいう。” すなわち

$$f=\frac{\overline{\mathrm{FH}}}{N_1}=\frac{\overline{\mathrm{H'F'}}}{N_k'}$$

である。

さて，ここで光学系の主点位置 o_1, o_k' を計算する公式を求めてみよう。まず像側の主点位置 o_k' は，(2.25) と (2.19a) から容易に導かれる。すなわち

$$o_k'=s_k'(\mathrm{F'})-N_k'f=\left(\frac{N_k'h_k}{\alpha_k'}\right)_{\alpha_1=0}-\left(\frac{N_k'h_1}{\alpha_k'}\right)_{\alpha_1=0}=N_k'\left\{\frac{1}{\alpha_k'}(h_k-h_1)\right\}_{\alpha_1=0}$$

媒質の屈折率 N_k' で割った換算量 $\varDelta_k'$ で表わせば

$$\varDelta_k'\equiv\frac{o_k'}{N_k'}=\left\{\frac{1}{\alpha_k'}(h_k-h_1)\right\}_{\alpha_1=0} \tag{2.30}$$

となる。次に，物体側の主点位置は（2.29）と（2.19a）とから求めることもできるが，焦点距離fを$\alpha_k'=0$とした近軸逆追跡で求めるようにした方が形が簡単になる。fを近軸逆追跡で求める公式は（2.27）から直に次のように得られる（意味については図 2.10 参照）。

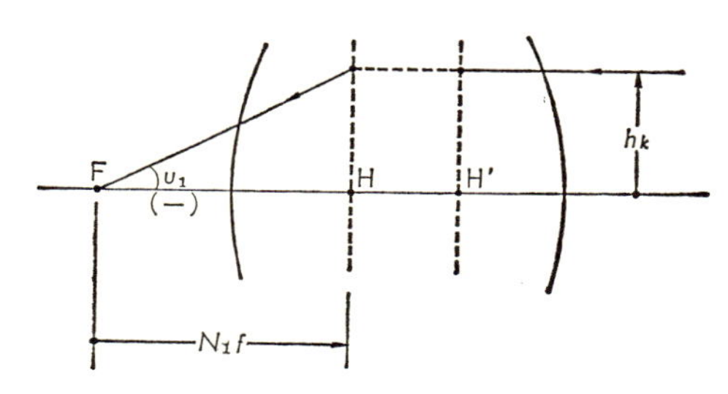

図 2.10　近軸逆追跡と焦点距離

$$f=\frac{\overline{\mathrm{FH}}}{N_1}=-\left(\frac{h_k}{\alpha_1}\right)_{\alpha_k'=0}$$

これを用いると o_1 は（2.29）から容易に導かれる。すなわち

$$o_1=s_1(\mathrm{F})+N_1f=\left(\frac{N_1h_1}{\alpha_1}\right)_{\alpha_k'=0}-\left(\frac{N_1h_k}{\alpha_1}\right)_{\alpha_k'=0}=N_1\left\{\frac{1}{\alpha_1}(h_1-h_k)\right\}_{\alpha_k'=0}$$

これも換算量 $\varDelta_1$ で表わすと，次のようになる。

$$\varDelta_1\equiv\frac{o_1}{N_1}=\left\{\frac{1}{\alpha_1}(h_1-h_k)\right\}_{\alpha_k'=0} \qquad (2.31a)$$

（2.31a）で物体側主点位置を求めるには，近軸逆追跡（結像の方向と逆の方向の近軸追跡）を必要とする。もしそれがいやならば，順方向の追跡によって求める次の公式がある（式の誘導については省略する）。

$$\left.\begin{aligned}&\varDelta_1\equiv\frac{o_1}{N_1}=\left\{\frac{h_1}{\alpha_k'}\left(1-\frac{h_1}{h_k}\right)\right\}_{\alpha_1=0}+\delta\\ &\text{ただし}\qquad \delta\equiv\left(\sum_{\nu=2}^{k}\frac{e_\nu{}'_{-1}}{\dfrac{h_{\nu-1}}{h_1}\,\dfrac{h_\nu}{h_1}}\right)_{\alpha_1=0}\end{aligned}\right\} \qquad (2.31b)^*$$

具体例として，図 2.11 に示すような厚肉単レンズについて，power φ と主

* 式の誘導については Berek の書物[1] の p. 28（邦訳書の p. 31～32）を参照されたい。

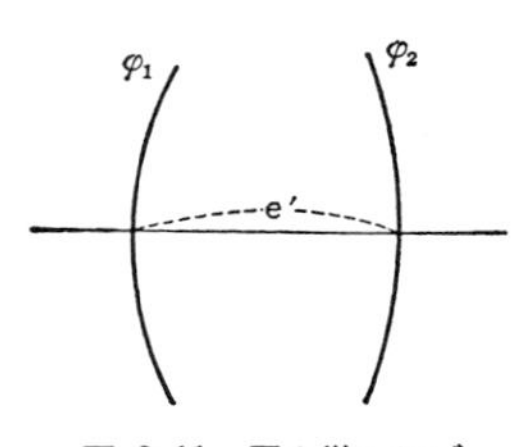

図 2.11 厚肉単レンズ

点位置 $\varDelta_1, \varDelta_2'$ を (2.19b), (2.31b), (2.30) によって求めて見よう。この場合，$h_1=1, \alpha_1=0$ とすれば α_k' がそのまま power φ になるから簡単である。まず，近軸追跡を実行すれば次のとおりである。

$$h_1=1, \qquad \alpha_1=0,$$
$$\alpha_1'=\alpha_1+h_1\varphi_1=\varphi_1=\alpha_2,$$
$$h_2=h_1-e'\alpha_1'=1-e'\varphi_1,$$
$$\alpha_2'=\alpha_2+h_2\varphi_2=\varphi_1+(1-e'\varphi_1)\varphi_2$$
$$=\varphi_1+\varphi_2-e'\varphi_1\varphi_2=\varphi$$

この結果を使って，(2.31b) と (2.30) とにより $\varDelta_1$ と $\varDelta_2'$ とを計算すれば

$$\varDelta_1=\frac{1}{\varphi}\left(1-\frac{1}{1-e'\varphi_1}\right)+\frac{e'}{1-e'\varphi_1}=\frac{e'(\varphi-\varphi_1)}{\varphi(1-e'\varphi_1)}=\frac{e'\varphi_2}{\varphi},$$
$$\varDelta_2'=\frac{1-e'\varphi_1-1}{\varphi}=-\frac{e'\varphi_1}{\varphi}$$

以上をまとめると

$$\left.\begin{aligned}&\varphi=\varphi_1+\varphi_2-e'\varphi_1\varphi_2,\\&\varDelta_1=\frac{e'\varphi_2}{\varphi},\\&\varDelta_2'=-\frac{e'\varphi_1}{\varphi}\end{aligned}\right\} \tag{2.32}$$

一方，主として光学系の性質を検討する過程で，光学系の**節点** (nodal points) というものを考えた方が都合のよいことがある。節点とは，主点と同様に1対の共役点であって，その定義によれば，物体側節点 $\mathfrak{N}$ に u_1 なる傾角で入射する近軸光線が像側節点 $\mathfrak{N}'$ から u_k' なる傾角で射出するとき，$u_k'=u_1$ なる性質がある。本書では，反射面を含む光学系にも適用できるようにするために，節点を $\alpha_k'/|N_k'|=\alpha_1/|N_1|$ なる条件を満足するものとして定義する。すなわち，節点とは $\beta=|N_1/N_k'|$ なる関係を満たす共役点であるとするので，このような節点の位置は，主点の位置を求めたと同様にして求めることができる。

(2.23) で $\beta_t=|N_1/N_k'|$ とおけば $t_1\equiv t_1(\mathfrak{N})$, $t_k'\equiv t_k'(\mathfrak{N}')$ となり, さらに $(s_1\beta/N_1)_{s_1\to\infty}=f$ なる関係に注意すれば, 像側焦点 F′ から測った $\mathfrak{N}'$ の位置 (換算値) が次のように求められる。

$$\frac{\overline{\mathrm{F}'\mathfrak{N}'}}{N_k'}\equiv\frac{t_k'(\mathfrak{N}')-s_k'(\mathrm{F}')}{N_k'}=-\left|\frac{N_1}{N_k'}\right|f \tag{2.33a}$$

同様にして, (2.28) で $\beta_t=|N_1/N_k'|$ とおけば $t_1\equiv t_1(\mathfrak{N})$ となり, 物体側焦点Fから測った $\mathfrak{N}$ の位置 (換算値) が次のように求められる。

$$\frac{\overline{\mathrm{F}\mathfrak{N}}}{N_1}\equiv\frac{t_1(\mathfrak{N})-s_1(\mathrm{F})}{N_1}=\left|\frac{N_k'}{N_1}\right|f \tag{2.33b}$$

2.8 焦点を基準にした結像式

光学系の主点の位置と焦点の位置がわかっていれば, 任意の距離にある物体の近軸領域における像の位置と大きさとを作図によって求めることができる。それには主点と焦点に関する次の性質を利用する。

i) 近軸光線が光学系から射出するときに像側主平面 (像側主点を通り光軸に垂直な平面) を切る高さは, 光学系に入射するときに物体側主平面を切る高さに等しい。

ii) 物体側焦点を通って光学系に入射する近軸光線は, 像界で光軸に平行に射出する。

iii) 物界で光軸に平行に光学系に入射する近軸光線は, 像界で像側焦点を通るように射出する。

図 2.12 において, F, F′ をそれぞれ物体側および像側焦点; H, H′ をそれぞれ物体側および像側主点とする。このとき任意の物体 $\overline{\mathrm{OP}}$ の近軸像 $\overline{\mathrm{O'P'}}$ は次のようにして求められる。まず軸外物点Pから光軸に平行に入射する光線が物体側主平面を切る点をAとすれば, この光線は像側主平面上 $\overline{\mathrm{A'H'}}=\overline{\mathrm{AH}}$ なる点 A′ と像側焦点 F′ とを通るように射出する。一方, Pから物体側焦点Fを通って入射する光線 $\overline{\mathrm{PF}}$ が, 物体側主平面を切る点を B とすれば, この光

線は像側主平面上 $\overline{B'H'}=\overline{BH}$ なる点 B′ を通って光軸に平行に射出する。これと先程の $\overline{A'F'}$ の延長との交点を P′ とすれば，P′ がPの近軸像である。そして P′ から光軸に下した垂線の足を O′ とすれば，O′ がOの近軸像である。

以上の関係から，焦点を基準にした公式を求めることができる。今 F, F′ を基点にした物体および像までの距離を x, x' とすれば図 2.12 から次の関係を得る。

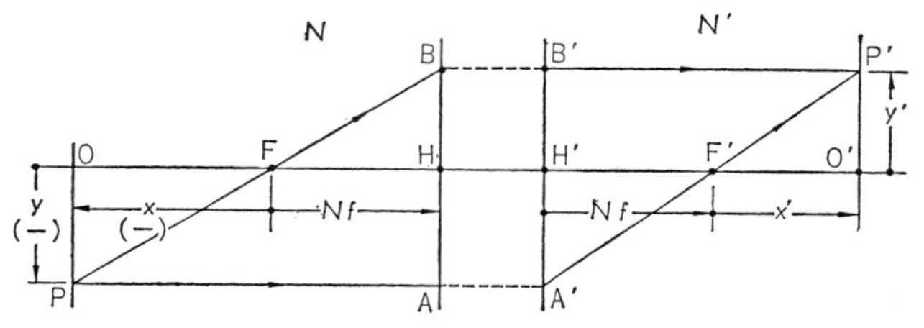

図 2.12　主点，焦点と結像倍率の関係

$$\beta=\frac{y'}{y}=\frac{\overline{HB}}{\overline{OP}}=\frac{\overline{FH}}{\overline{FO}}=\frac{Nf}{x} \tag{2.34a}$$

あるいは

$$\beta=\frac{y'}{y}=\frac{\overline{O'P'}}{\overline{H'A'}}=\frac{\overline{F'O'}}{\overline{F'H'}}=-\frac{x'}{N'f} \tag{2.34b}$$

(2.34a), (2.34b) より

$$xx'=-NN'f^2 \tag{2.35}$$

が得られる。これは Newton の公式と呼ばれているもので，光学系の焦点距離が既知の場合に物体距離に応じた像点位置を計算するとき，あるいはその逆の場合によく用いられる。

2.9　主点を基準にした結像式

主点位置を基準にした結像式は Newton の公式 (2.35) から容易に求めることができる。物体側主点を基点して測った物体距離を $\hat{g}$，像側主点を基点にして測った像点距離を $\hat{g}'$ とすれば，図 2.13 より

$$x=\hat{g}+Nf, \qquad x'=\hat{g}'-N'f \tag{2.36}$$

である。これを (2.35) に代入すれば

$$(\hat{g}+Nf)(\hat{g}'-N'f)=-NN'f^2$$

となり，これから次の式が導かれる。

$$\frac{N'}{\hat{g}'}=\frac{N}{\hat{g}}+\varphi \qquad (2.37)$$

今，物体側主平面上に任意に $\overline{\mathrm{DH}}$ をとれば，これは像側主平面上に等倍の像 $\overline{\mathrm{D'H'}}$ として写像される（図 2.13 参照)。そこで

$$h\equiv\overline{\mathrm{DH}}=\overline{\mathrm{D'H'}}$$

とおき，かつ

$$\frac{Nh}{\hat{g}}=Nu\equiv\alpha,\quad \frac{N'h}{\hat{g}'}=N'u'\equiv\alpha'$$

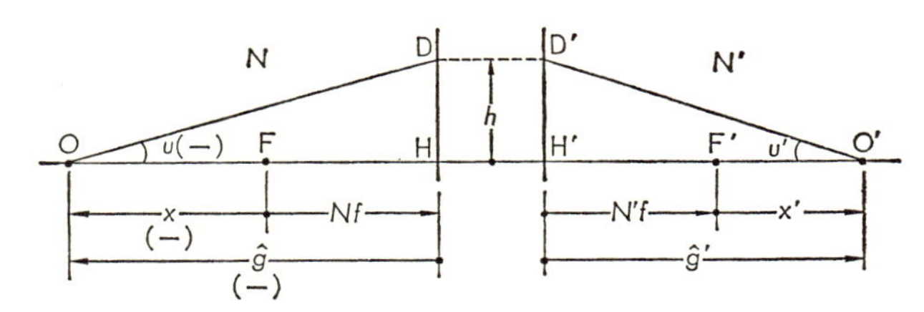

図 2.13 主点を基準にした近軸結像関係

と定義すれば，(2.37) から直ちに次式が得られる。

$$\alpha'=\alpha+h\varphi \qquad (2.38)$$

(2.38) は (2.12) とまったく同じ式である。そこで，次のようにいうことができる。“多くの面から成る光学系において，その power を (2.19b) により定義し，かつ物体までの距離を (2.31a) または (2.31b) によって決まる物体側主点を基点として測り，同時に，像までの距離を (2.30) によって決まる像側主点を基点として測ることにすれば，その近軸領域における結像関係は，1個の屈折面とまったく等価である。” 光学設計の過程では，複数個の面から成る複合光学系が構成単位となり（これを部分系という），それらがさらに何個か集まって光学系全体を構成するという二重構造で考えた方が都合の良いことが多い。上記の光学系の基本的性質から，このような部分系の系列（図 2.14 参

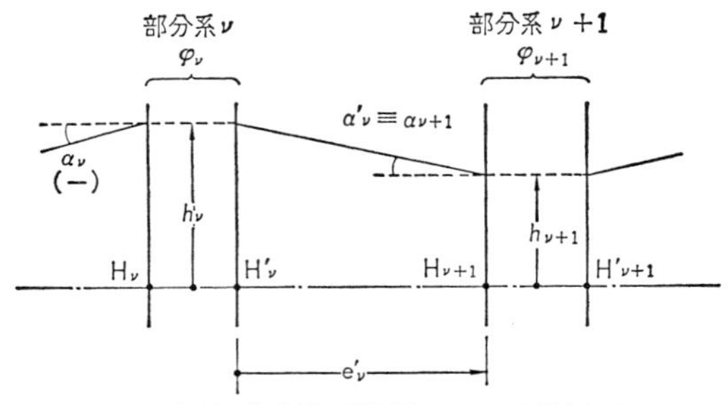

図 2.14　部分系の系列を通しての近軸追跡

照）に対しては，今までに示した一般光学系に関する公式がそのまま適用できる。その場合，suffix は部分系の番号を示すものと考えれば良く，また入射高 h は主平面を切る高さと考えれば良い。そして1個の屈折面は，このような部分系において，物体側主点と像側主点とが（その面自体の位置で）一致した，特別な場合と考えれば良い。ここに K. F. Gauss の確立した近軸理論の見事な一貫性がある。われわれは，具体的な形状が何ら決まっていなくても，基本的な骨組としての部分系の power 配置（個々の部分系の power と主点間の間隔の配列関係）が決定されていれば，近軸追跡を実行することができる。そして，この骨組を何ら崩すことなく，個々の部分系に随時具体的な形状を与え，あるいはすでに与えられている形状を他の形状で置換し，あるいは2個の部分系を合成して簡単化する，といったことを自由自在に実行することができる。複雑な光学系の設計は，このような手順を踏むことによって，はじめて混乱なく行なわれるのである。

ここで一つの例を示すことにしよう。光学系を4部分系として構成し，この基本構造を崩すことなく，図 2.15 に示すように，その第3，第4部分系に具体的な形状を与える問題である。まず，4部分系としての power 配置と，それについて $\alpha_1=0, h_1=1$ として近軸追跡した結果が次のとおり与えられているとする。

$$\left\{\begin{array}{ll} \varphi_{\mathrm{I}}=2.50872 & e'_{\mathrm{I}}=0.10723 \\ \varphi_{\mathrm{II}}=-2.86593 & e'_{\mathrm{II}}=0.22459 \\ \varphi_{\mathrm{III}}=-1.98568 & e'_{\mathrm{III}}=0.07733 \\ \varphi_{\mathrm{IV}}=2.63234 & \end{array}\right.$$

$$\left\{\begin{array}{ll} \alpha_{\mathrm{I}}=0 & \\ \alpha'_{\mathrm{I}}=2.50872 & h_{\mathrm{I}}=1.0 \\ \alpha'_{\mathrm{II}}=0.41375 & h_{\mathrm{II}}=0.73099 \\ \alpha'_{\mathrm{III}}=-0.85325 & h_{\mathrm{III}}=0.63807 \\ \alpha'_{\mathrm{IV}}=1.00005 & h_{\mathrm{IV}}=0.70405 \end{array}\right.$$

これを基本的な骨組と考えて，第 3，第 4 部分系から成る後半部分を実際の形状で置換するのである。もちろん，形状決定には，少なくとも収差論的な検討が一方で行なわれなければならないのであるが，ここではすでにそれが行なわれて，近似的な形状が求められているものとして，それを上記の骨組の中に“はめ込む”仕事だけを考えることにする。それには，すでに求められている各部分系の形状を正確に指定された power に合わせたのち，主点位置を計算して，各部分系の主点間隔が指定値とおりになるようにする必要がある。部分系の power を合わせるには，たとえば空気に接する最外側の面の曲率半径を微少変化させるのが都合が良い。そして，その power 合わせに使う面と反対側の面から $\alpha_1=0$，$h_1=1$ として近軸追跡し，その power 合わせをする面（これを仮に k 面とする）における α_k と h_k とを求める。この場合，$\varphi\equiv\alpha_k'=\alpha_k+h_k\varphi_k$ であ

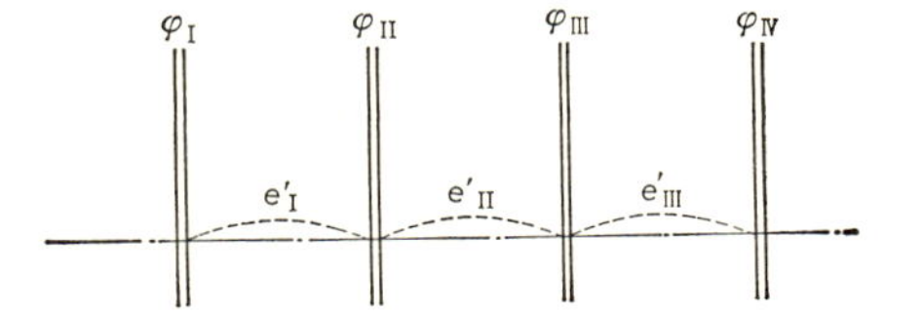

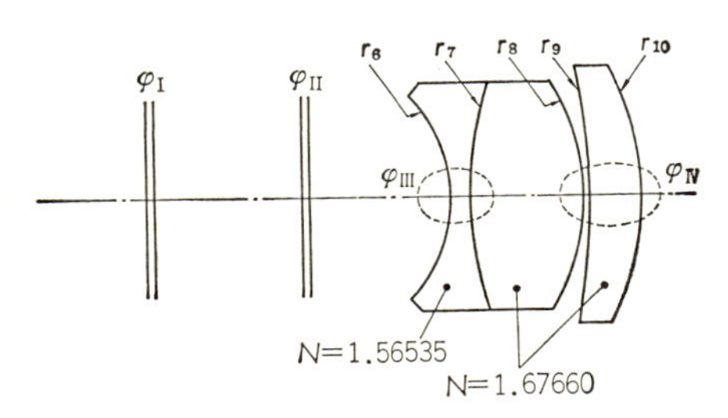

図 2.15　部分系の具体化

るから，これから φ_k を求め，曲率半径 r_k を計算すれば良い。さて，このようにして決定した第 3，第4部分系の形状と，それについて計算した主点位置の数値例を次に示す。

第3部分系

$$\left\{\begin{array}{lll} & & N_5'=1.0 \\ {}^{\dagger}r_6=-0.27840 & d_6'=0.02 & N_6'=1.56535 \\ r_7=2.53485 & & N_7'=1.67660 \\ \varphi_{\mathrm{III}}=-1.98568 & \Delta_{\mathrm{III}}=-0.00028 & \\ & \Delta_{\mathrm{III}}'=-0.01307 & \end{array}\right.$$

第4部分系

$$\left\{\begin{array}{lll} & & N_7'=1.67660 \\ {}^{\dagger}r_8=-0.41076 & d_8'=0.003 & N_8'=1.0 \\ r_9=-5.50037 & d_9'=0.064 & N_9'=1.67660 \\ r_{10}=-0.57233 & & N_{10}'=1.0 \\ \varphi_{\mathrm{IV}}=\ \ 2.63234 & \Delta_{\mathrm{IV}}=0.01836 & \\ & \Delta_{\mathrm{IV}}'=-0.02399 & \end{array}\right.$$

ここで面番号が6からになっているのは前半の第 1，第2部分系が5面で構成されることを仮に想定したからに過ぎない。また † 印は，power 合わせに使用した面を参考までに示したものである。これら二つの部分系を合成すると次のようになる。

第 3，第4部分系の合成系

$$\left\{\begin{array}{lll} & {}^{\dagger}e_6=0.22487 & N_6=1.0 \\ r_6=-0.27840 & d_6'=0.02 & N_6'=1.56535 \\ r_7=\ \ 2.53485 & {}^{\dagger}d_7'=0.07696 & N_7'=1.67660 \\ r_8=-0.41076 & d_8'=0.003 & N_8'=1.0 \\ r_9=-5.50037 & d_9'=0.064 & N_9'=1.67660 \\ r_{10}=-0.57233 & & N_{10}'=1.0 \end{array}\right.$$

ここで † 印をした面間隔について説明する。e_6 は特別な寸法で，第2部分系の像側主点から第6面までの距離を示す。図 2.16(a) から

$$e_6=e_{\mathrm{II}}'-\varDelta_{\mathrm{III}}=0.22459+0.00028=0.22487$$

となる。一方 d_7' は図 2.16(b) から

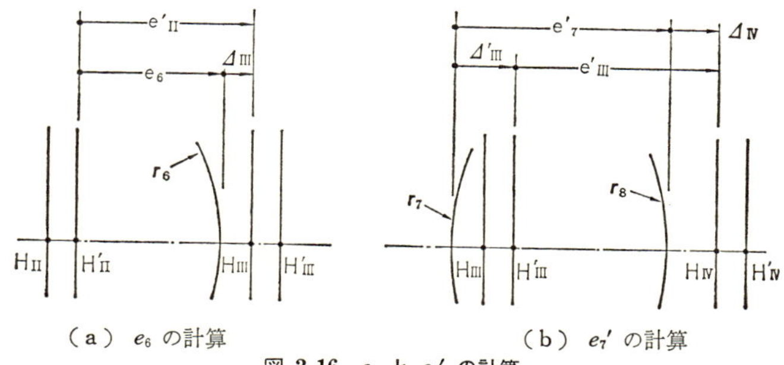

(a) e_6 の計算　　(b) e_7' の計算

図 2.16 e_6 と e_7' の計算

$$d_7'=N_{\mathrm{III}}'(e_{\mathrm{III}}'+\varDelta_{\mathrm{III}}'-\varDelta_{\mathrm{IV}})=1.67660(0.07733-0.01307-0.01836)=0.07696$$

となる。作業が正しく行なわれたことを確認するため，近軸追跡を行なってみよう。α_6 には α_{II}' の値がそのまま使える。すなわち $\alpha_6=0.41375$ である。これに対して h_6 は次のようにして計算される。

$$h_6=h_{\mathrm{II}}-e_6\alpha_6=0.73099-0.22487\times0.41375=0.63795$$

追跡結果は次のとおりである。

$$\left\{\begin{array}{ll} \alpha_6=\ \ 0.41375 & \\ \alpha_6'=-0.88174 & h_6=0.63795 \\ {}^{\dagger}\alpha_7'=-0.85325 & h_7=0.64922 \\ \alpha_8'=\ \ 0.28064 & h_8=0.68838 \\ \alpha_9'=\ \ 0.19607 & h_9=0.68754 \\ {}^{\dagger}\alpha_{10}'=\ \ 1.00003 & h_{10}=0.68006 \end{array}\right.$$

† 印を付した α_7' は α_{III}' と，α_{10}' は α_{IV}' と対応するものであるが，両者を比較してみれば，計算誤差の範囲内で合致していることがわかる。

以上述べた操作は一見めんどうにみえるが，馴れると卓上計算機を使っても短時間で処理できるようになる。チェックが簡単にとれるので，間違いを見逃す心配がない。またこのような計算の過程で，光学系の形状を面の power φ と換算間隔 e' とで統一的に表わして置けば，媒質の屈折率にわずらわされることなく部分系の結合や置換が自由にできる。曲率半径 r や面間隔 d' への変換は最終段階で行なえば良い。このような取り扱いは，反射面を含む光学系にもそのまま適用できる。反射を含む光学系では光線が右から左へと進む（すなわち逆行する）区域が必ず存在し，その区域には符号の約束に従って面間隔 d' と屈折率とに負の符号が与えられることになるが，そのような場合でも換算間隔 e' は常に正になる。このことは結像がすべて左から右へ行なわれるように展開された形で取り扱われることを意味する。簡単な反射系について各自試してみると良い。いずれにしても，上記数値例で行なったようなことを臨機応変に自由に行なえることが，光学設計における近軸理論の大きなメリットなのである。

2.10　afocal 系の角倍率と結像公式

afocal 系とは power が零の光学系をいい，望遠鏡やファインダーなどの光学系がこれに相当する。このような光学系については，$\alpha_1=0$ のとき，同時に $\alpha_k'=0$ となるから (2.30),(2.31a) をみればわかるように主点が無限遠になる。そこで，光学系全体による結像を考えるのに主点を基準にした公式は使えない。ここでは，そのような光学系に対して適用できる公式について補足しておく。

afocal 系では，光学系に入射する平行光束は，平行光束として射出するけれども，光軸となす角度が物界と像界で一般に異なる。これらの傾角をそれぞれ ω, ω' とする（図 2.17)。この ω と ω' との関係を求めてみよう。それには Helmholtz-Lagrange の不変式を手がかりにする。すなわち，(2.20) より

$$\alpha_1 y_1=\alpha_k' y_k'$$

であるが，これに $\alpha_1=(N_1h_1)/s_1$, $\alpha_k'=(N_k'h_k)/s_k'$ なる関係を代入すると，

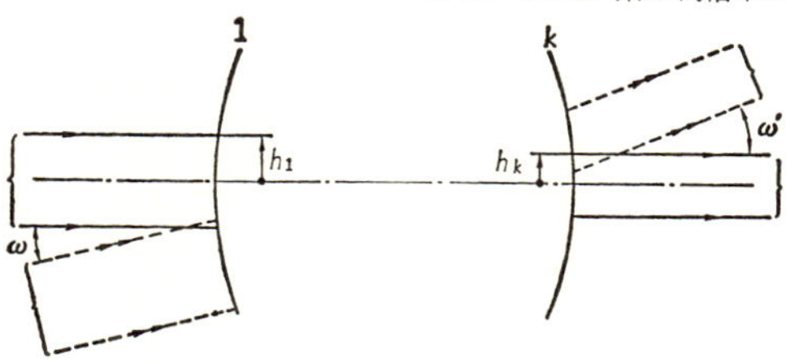

図 2.17 afocal 系の角倍率

$$N_1h_1\left(\frac{y_1}{s_1}\right)=N_k'h_k\left(\frac{y_k'}{s_k'}\right) \tag{2.39}$$

と表わせる。afocal 系であるから $\alpha_1 \to 0$ に対して $\alpha_k' \to 0$ となり，このとき

$$\tan\omega=y_1/s_1, \qquad \tan\omega'=y_k'/s_k'$$

と置ける。そこで，(2.39) は

$$\frac{N_k'\tan\omega'}{N_1\tan\omega}=\left(\frac{h_1}{h_k}\right)_{\alpha_1=0}\equiv\gamma \tag{2.40}$$

となる。この γ は入射角 ω に無関係な光学系の定数で，これを**角倍率**(angular magnification) という。

(2.40) により，物界における光線の傾角が与えられると，像界における傾角が直ちに求められるが，光軸との交点の位置は求められないので別の式が必要である。図 2.18 において，afocal 系が k 個の部分系から成るものとし，第1部分系の第1主点から t_1 の位置で光軸と交わるように入射する光線が，第 k 部分系の第2主点から t_k' の位置で光軸と交わるように射出するものとする。この t_k' が t_1 と光学系の定数によって表わされれば良い訳であるが，その式

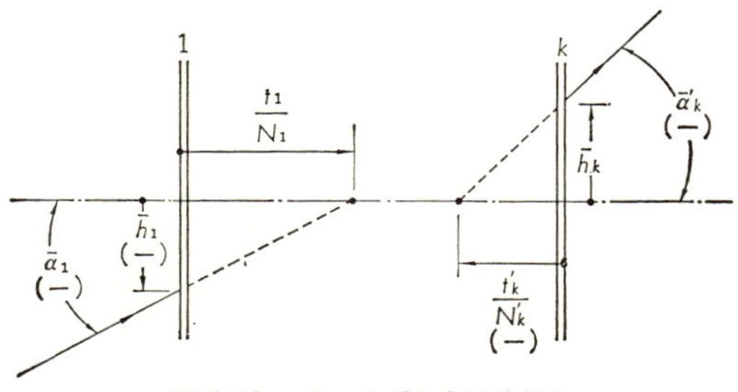

図 2.18 afocal 系における結像

の誘導は紙面の関係で省略し，結果だけ示すことにしよう。t_k' は次により与えられる。

$$\frac{t_k'}{N_k'}=\frac{1}{\gamma^2}\left\{\frac{t_1}{N_1}-\delta\right\} \tag{2.41}$$

ここに，δ は (2.31b) に示した量で，角倍率 γ とともに光学系の定数である。

ここで，今までの例にならって，近軸入射高 $\bar{h}_1, \bar{h}_k$ および傾角 $\bar{\alpha}_1\equiv(N_1\bar{h}_1)/t_1$，$\bar{\alpha}_k'\equiv(N_k'\bar{h}_k)/t_k'$（図 2.18 参照）を導入して上記の関係を表わせば

$$\left.\begin{aligned}\bar{\alpha}_k'&=\gamma\bar{\alpha}_1,\\ \bar{h}_k&=\frac{1}{\gamma}(\bar{h}_1-\bar{\alpha}_1\delta)\end{aligned}\right\} \tag{2.42}$$

となる。光学系の定数 γ と δ とが求められていると，これらの式を用いることにより，光線の物界における値から直ちに像界における値を求めることができて便利である。

第 3 章
光線追跡による性能評価

3.1　光線追跡の概要

光線追跡とは，第1章でも，述べたように，光学系の構成要素と物体平面とが与えられているとき，物体平面上の任意の一点から出た光線が，光学系の個個の面で屈折または反射して進む経路を，Snell の法則に基づいて逐次計算していく作業をいう。コンピュータの普及した今日では，光線追跡を実行するのに要する計算時間をそれほど問題にする必要がなくなったことから，光線追跡を媒介にして精密に性能の確認を行なうための技術，たとえば**スポットダイヤグラム**（spot diagram）や **OTF**（optical transfer function）の計算などが設計過程でひんぱんに実行されるようになってきている。しかし，このような精密な評価計算は，光学系の性能の良否を判定するという目的には有効であっても，収差補正が不完全な設計の途中の段階で性能改善の目安として使うことは，単に時間的にロスであるばかりでなく，情報過剰でかえって不都合である。設計過程では，光線の追跡本数が少なくて，しかも性能の要点を適確に把握できるような方法が要求される訳で，これが古くからレンズ設計で活用されてきた狭義の光線追跡による評価法である。少数の光線で，光学系の性能を適確に把握しようとする場合の有力な手がかりは，収差の変化が連続的であるという事実と，第1章で述べたような光学系と収差の対称性とである。それにしても，このように限られた本数の光線の追跡結果から，実際の光学系の性能をどの程度まで深く読みとり得るかは，設計者の経験や収差に関する知識の深さによるといってさしつかえない。以下では，この狭義の光線追跡による評価法に重点を置いて述べてみたい。

まず光線追跡を，使用する追跡公式によって分類すれば，次のようになる。

i）近軸光線追跡

ii）子午的光線の追跡

iii）非点収差の追跡

iv）skew ray の追跡

これらの中，i）は（2.11）から（2.13）までによって行なうものであって，特に基準波長による計算で求めた軸上近軸像点を通って光軸に垂直に立てた平面をガウス像面と呼ぶ。これは収差を計算する際の基準平面として重要である。ii）は 1.2.B.（p.7〜8）で述でた子午切断面内の光線の追跡である。この場合，子午切断面は光学系の対称平面であるから，物点を出てこの平面に沿って入射する光線は，終始この平面から逸脱することがない。したがって，その追跡は一つの平面上の関係を取り扱えば良い。これに対して，iv）は子午切断面内に含まれない一般的な光線（これを skew ray という）の追跡であって，その計算は立体的な関係を取り扱わなければならない。上記の ii）はこの iv）の特別な場合に相当するのである。

さて，iii）はいったん ii）によって計算された子午的光線（普通は主光線）の近傍の無限に細い子午的光束と球欠的光束について，それぞれの収束点の位置を計算するものである。近軸追跡は光軸に沿って，軸上物点から出る無限に細い光束の収束点を計算するのであるが，非点収差の追跡は，それと同様のことを軸外物点から出る主光線に沿って行なうのである。この場合，主光線は光束の回転対称軸ではないから，子午光束の収束点と球欠光束の収束点とを別個に計算しなければならない。それを実行するのが iii）の非点収差の追跡である。

3.2 光線追跡の公式

A. 面形状の表示

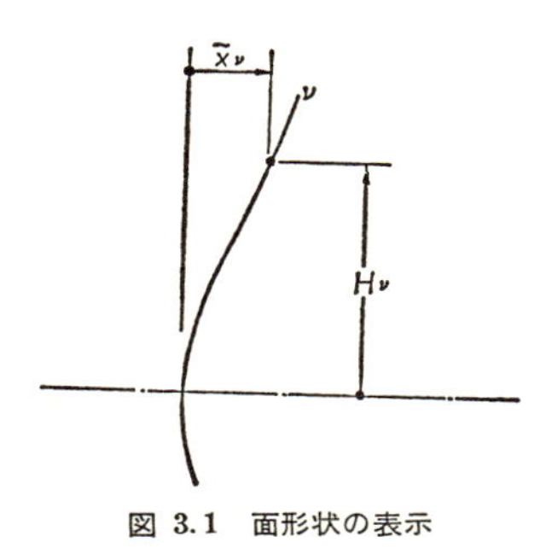

図 3.1 面形状の表示

ここで取り扱う光学系を構成する個々の面は球面とは限らず，回転対称な非球面をも含むものする。すなわち図 3.1 に示したように，任意の面 ν において，光軸からの高さ H_ν の位置での面の光軸方向の変位を，面頂点を基準にして $\tilde{x}_\nu$ とするとき，面の形状は

$$\left.\begin{aligned}&\tilde{x}_\nu=\tilde{r}_\nu\left\{1-\left(1-\frac{H_\nu^2}{\tilde{r}_\nu^2}\right)^{1/2}\right\}+A_\nu H_\nu^2+B_\nu H_\nu^4+C_\nu H_\nu^6+D_\nu H_\nu^8+E_\nu H_\nu^{10}\\&H_\nu^2\equiv\tilde{y}_\nu^2+\tilde{z}_\nu^2\end{aligned}\right\}\tag{3.1}$$

により与えられるものとする。ここに（3.1）の第1項は基準となる球面を表わす項で，$\tilde{r}_\nu$ はその曲率半径を表わす。そして $\tilde{r}_\nu=\infty$ なる特別の場合にはこの第1項は消失する。すなわち

$$\left[\tilde{r}_\nu\left\{1-\left(1-\frac{H_\nu^2}{\tilde{r}_\nu^2}\right)^{1/2}\right\}\right]_{\tilde{r}_\nu=\infty}=0\tag{3.2}$$

である。また $A_\nu\sim E_\nu$ なる5個の係数は，基準球面からのズレを与える非球面係数であって，球面の場合にはもちろんすべて零である。係数 A_ν のかかった2次の項は，基準球面や他の非球面係数の選び方によって代弁できるので本来不要なのであるが，後述の光線追跡の便宜上から特別に付加されたものである。

B. 近軸追跡公式

近軸追跡には，すでに第2章で示した公式（2.11）および（2.12）をそのまま用いる。この場合，近軸曲率半径 r_ν としては，（3.1）の非球面係数 A_ν が零の場合には $r_\nu\equiv\tilde{r}_\nu$ とすればよいが，$A_\nu\neq0$ の場合には

$$r_\nu=\frac{1}{\dfrac{1}{\tilde{r}_\nu}+2A_\nu} \tag{3.3}$$

によって換算する必要がある。

C.　skew ray の追跡公式

一つの平面上で行なう子午的光線の追跡と，立体的に行なう skew ray の追跡とに関しては，それぞれ別個の公式があり，以前には使い分けられていた。しかし，先にも述べたように，前者は後者の特別な場合として，後者の中に含まれているので，コンピュータの演算速度が向上するにつれて，子午的光線の追跡にも skew ray の公式を流用することが一般的になっている。それに，追跡公式に多くの紙面をさくのも本書の主旨に反すると思うので，ここでは D. P. Feder[2] により与えられた skew ray の追跡公式を示すにとどめたい。

光学系の光軸方向に x 軸，これに垂直に y 軸と z 軸とをとるものとする。ここで行なうことは，光学系を通して任意の光線の経路を計算することであるが，それには光学系の中の任意の面 ν について考えるとき，一つ前の面 $(\nu-1)$ における光線の通過点の座標 $(\tilde{x}_{\nu-1}, \tilde{y}_{\nu-1}, \tilde{z}_{\nu-1})$ と，それから射出する光線の方向余弦 (X_ν, Y_ν, Z_ν) とが与えられた場合に，面 ν における光線の通過点 $(\tilde{x}_\nu, \tilde{y}_\nu, \tilde{z}_\nu)$ と，面 ν を通過した後の光線の方向余弦 $(X_{\nu+1}, Y_{\nu+1}, Z_{\nu+1})$ とを計算する公式が確立されていればよい。まず最初に，簡単のために非球面係数がすべて零の場合について考える。ベクトル的に光路の関係を考えるために，図 3.2

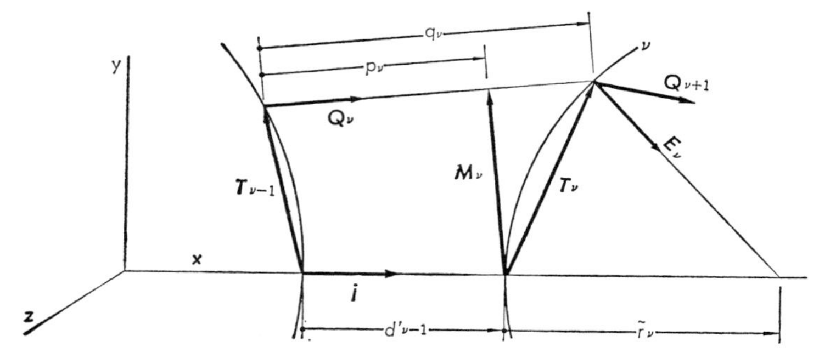

図 3.2　**skew ray** の追跡（球面）

に示したような次の量を定義する。

$\boldsymbol{T}_{\nu-1}$：面（ν−1）の頂点を基点にした，この面上の光線の通過位置を示すベクトル（$\tilde{x}_{\nu-1}, \tilde{y}_{\nu-1}, \tilde{z}_{\nu-1}$）。

$\boldsymbol{Q}_{\nu}$　：面（ν−1）から射出する光線の方向を示す単位ベクトル（$X_{\nu}, Y_{\nu}, Z_{\nu}$）。

$\boldsymbol{M}_{\nu}$　：面νの頂点から $\boldsymbol{Q}_{\nu}$ に下した垂線を表わすベクトル（$M_{x\nu}, M_{y\nu}, M_{z\nu}$）。

$\boldsymbol{T}_{\nu}$　：面νの頂点を基点にした，この面上の光線の通過点の位置を示すベクトル（$\tilde{x}_{\nu}, \tilde{y}_{\nu}, \tilde{z}_{\nu}$）。

$\boldsymbol{E}_{\nu}$　：面νにおける光線の通過点から，面の曲率中心に向かう単位ベクトル。これは面の法線を表わす。

$\boldsymbol{Q}_{\nu+1}$：面ν通過後の光線の方向を示す単位ベクトル（$X_{\nu+1}, Y_{\nu+1}, Z_{\nu+1}$）。

$\boldsymbol{i}$　：x軸方向の単位ベクトル。

これらベクトルの間の関係として，図 3.2 から以下の諸式が得られる。

$$\left.\begin{aligned}&\boldsymbol{T}_{\nu-1}+p_{\nu}\boldsymbol{Q}_{\nu}=d_{\nu-1}'\boldsymbol{i}+\boldsymbol{M}_{\nu}\\&\boldsymbol{M}_{\nu}+(q_{\nu}-p_{\nu})\boldsymbol{Q}_{\nu}=\boldsymbol{T}_{\nu}\\&\boldsymbol{T}_{\nu}+\tilde{r}_{\nu}\boldsymbol{E}_{\nu}=\tilde{r}_{\nu}\boldsymbol{i}\end{aligned}\right\}\qquad(3.4)$$

$$\boldsymbol{E}_{\nu}\times\boldsymbol{Q}_{\nu+1}=\left|\frac{N_{\nu}}{N_{\nu}'}\right|(\boldsymbol{E}_{\nu}\times\boldsymbol{Q}_{\nu})\qquad(3.5)$$

ここで，(3.4) は面νにおける光線通過点の位置を求める関係式，(3.5) は屈折法則を示すもので，面ν通過後の光線の方向を求める関係式である。

非球面の場合には，図 3.3 に示したように，まず (3.4) により基準球面と

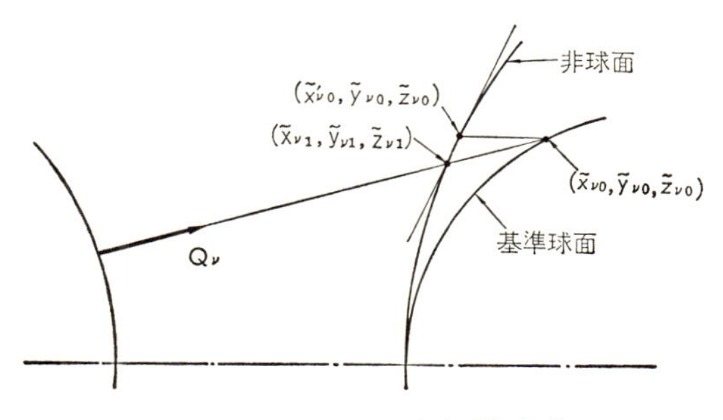

図 3.3　skew ray の追跡（非球面）

光線との交点（$\tilde{x}_{\nu 0}, \tilde{y}_{\nu 0}, \tilde{z}_{\nu 0}$）を求め，さらに（3.1）により $\tilde{y}_{\nu 0}, \tilde{z}_{\nu 0}$ に対応する非球面上の x 座標 $\tilde{x}_{\nu 0}'$ を求める。次に，この非球面上の点（$\tilde{x}_{\nu 0}', \tilde{y}_{\nu 0}, \tilde{z}_{\nu 0}$）における非球面への接平面を考え，この接平面と入射光線との交点（$\tilde{x}_{\nu 1}, \tilde{y}_{\nu 1}, \tilde{z}_{\nu 1}$）を求める。この交点を（$\tilde{x}_{\nu 0}, \tilde{y}_{\nu 0}, \tilde{z}_{\nu 0}$）に対応する新たな出発点と考える。こういうことを繰り返すと数回で座標点が収束し，入射光線と非球面との交点が正確に求められる。実際の計算では，ベクトルは成分に分解されて計算される訳で，以下のようにまとめることができる。

i ）光線通過点（基準球面）の計算

$$p_\nu = -\{(\tilde{x}_{\nu-1} - d_{\nu-1}')X_\nu + \tilde{y}_{\nu-1}Y_\nu + \tilde{z}_{\nu-1}Z_\nu\} \tag{3.6}$$

$$M_{x\nu} = (\tilde{x}_{\nu-1} - d_{\nu-1}') + p_\nu X_\nu \tag{3.7}$$

$$M_\nu^2 = (\tilde{x}_{\nu-1} - d_{\nu-1}')^2 + \tilde{y}_{\nu-1}^2 + \tilde{z}_{\nu-1}^2 - p_\nu^2 \tag{3.8}$$

$$q_\nu = p_\nu + \frac{\left(\dfrac{M_\nu^2}{\tilde{r}_\nu} - 2M_{x\nu}\right)}{X_\nu\left[1 + \left\{1 - \dfrac{1}{\tilde{r}_\nu X_\nu^2}\left(\dfrac{M_\nu^2}{\tilde{r}_\nu} - 2M_{x\nu}\right)\right\}^{1/2}\right]} \tag{3.9}$$

$$\left.\begin{aligned} \tilde{x}_\nu &= (\tilde{x}_{\nu-1} - d_{\nu-1}') + q_\nu X_\nu \\ \tilde{y}_\nu &= \tilde{y}_{\nu-1} + q_\nu Y_\nu \\ \tilde{z}_\nu &= \tilde{z}_{\nu-1} + q_\nu Z_\nu \end{aligned}\right\} \tag{3.10}$$

（3.9）の分母における｛　｝内が負になることは，入射光線と基準球面との交点が存在しないことを示す。もし ν 面が非球面でなければ，次の量を計算して iii）に移行する。

$$l_\nu = 1 - \frac{\tilde{x}_\nu}{\tilde{r}_\nu},\quad m_\nu = -\frac{\tilde{y}_\nu}{\tilde{r}},\quad n_\nu = -\frac{\tilde{z}_\nu}{\tilde{r}_\nu} \tag{3.11}$$

またもし ν 面が非球面の場合には，$\tilde{x}_{\nu 0} \equiv \tilde{x}_\nu$，$\tilde{y}_{\nu 0} \equiv \tilde{y}_\nu$，$\tilde{z}_{\nu 0} \equiv \tilde{z}_\nu$ として ii）に移行する。

ii ）光線通過点（非球面）の計算

$$H_\nu^2 = \tilde{y}_{\nu 0}^2 + \tilde{z}_{\nu 0}^2 \tag{3.12}$$

$$l_\nu = \left(1 - \frac{H_\nu^2}{\tilde{r}_\nu^2}\right)^{1/2} \tag{3.13}$$

$$\tilde{x}_{\nu 0}{}' \equiv \tilde{r}_\nu(1-l_\nu)+A_\nu H_\nu{}^2+B_\nu H_\nu{}^4+C_\nu H_\nu{}^6+D_\nu H_\nu{}^8+E_\nu H_\nu{}^{10} \qquad (3.14)$$

$$v_\nu \equiv \frac{1}{\tilde{r}_\nu}+l_\nu(2A_\nu+4B_\nu H_\nu{}^2+6C_\nu H_\nu{}^4+8D_\nu H_\nu{}^6+10E_\nu H_\nu{}^8) \qquad (3.15)$$

$$\left.\begin{aligned} m_\nu &= -\tilde{y}_{\nu 0} v_\nu \\ n_\nu &= -\tilde{z}_{\nu 0} v_\nu \end{aligned}\right\} \qquad (3.16)$$

$$\tilde{e}_\nu = \frac{l_\nu(\tilde{x}_{\nu 0}{}' - \tilde{x}_{\nu 0})}{X_\nu l_\nu + Y_\nu m_\nu + Z_\nu n_\nu} \qquad (3.17)$$

$$\left.\begin{aligned} \tilde{x}_{\nu 1} &= \tilde{x}_{\nu 0} + \tilde{e}_\nu X_\nu \\ \tilde{y}_{\nu 1} &= \tilde{y}_{\nu 0} + \tilde{e}_\nu Y_\nu \\ \tilde{z}_{\nu 1} &= \tilde{z}_{\nu 0} + \tilde{e}_\nu Z_\nu \end{aligned}\right\} \qquad (3.18)$$

(3.14) において，$\tilde{r}_\nu=\infty$ のときには $\tilde{r}_\nu(1-l_\nu)=0$ である。また (3.17) において，分母が零の場合は入射光線と非球面への接平面とが交わらないことを示す。(3.18) において，$|\tilde{x}_{\nu 1}-\tilde{x}_{\nu 0}|$ が充分小さければ $\tilde{x}_\nu \equiv \tilde{x}_{\nu 1}$, $\tilde{y}_\nu \equiv \tilde{y}_{\nu 1}$, $\tilde{z}_\nu \equiv \tilde{z}_{\nu 1}$ として iii) に移行する。収束不充分ならば ($\tilde{x}_{\nu 1}, \tilde{y}_{\nu 1}, \tilde{z}_{\nu 1}$) を新たな ($\tilde{x}_{\nu 0}, \tilde{y}_{\nu 0}, \tilde{z}_{\nu 0}$) とみなして ii) の最初にもどる。

iii) 屈折光線の計算

$$\tilde{o}_\nu = (l_\nu{}^2+m_\nu{}^2+n_\nu{}^2)^{1/2} \qquad (3.19)$$

$$\xi_\nu = \frac{X_\nu l_\nu + Y_\nu m_\nu + Z_\nu n_\nu}{\tilde{o}_\nu} \qquad (3.20)$$

$$\xi_\nu{}' = \frac{N_\nu}{|N_\nu|}\frac{N_\nu{}'}{|N_\nu{}'|}\frac{\xi_\nu}{|\xi_\nu|}\left\{1-\left(\frac{N_\nu}{N_\nu{}'}\right)^2(1-\xi_\nu{}^2)\right\}^{1/2} \qquad (3.21)$$

$$\tilde{G}_\nu = \xi_\nu{}' - \left|\frac{N_\nu}{N_\nu{}'}\right|\xi_\nu \qquad (3.22)$$

$$\left.\begin{aligned} X_{\nu+1} \equiv X_\nu{}' &= \left|\frac{N_\nu}{N_\nu{}'}\right| X_\nu + \tilde{G}_\nu \frac{l_\nu}{o_\nu} \\ Y_{\nu+1} \equiv Y_\nu{}' &= \left|\frac{N_\nu}{N_\nu{}'}\right| Y_\nu + \tilde{G}_\nu \frac{m_\nu}{\tilde{o}_\nu} \\ Z_{\nu+1} \equiv Z_\nu{}' &= \left|\frac{N_\nu}{N_\nu{}'}\right| Z_\nu + \tilde{G}_\nu \frac{n_\nu}{\tilde{o}_\nu} \end{aligned}\right\} \qquad (3.23)$$

ここで $\xi_\nu, \xi_\nu{}'$ はそれぞれ光線の入射角，屈折角の cosine を表わしている。

すなわち図 3.2 についていえば

$$\xi_\nu=\boldsymbol{E}_\nu\cdot\boldsymbol{Q}_\nu,\quad \xi_\nu{}'=\boldsymbol{E}_\nu\cdot\boldsymbol{Q}_{\nu+1}$$

である。(3.21) の { } 内が負になることは全反射 (total reflection) を表わしている。

D. 非点収差の追跡公式

子午的光線（普通は主光線）の追跡が実行されたのち，この光線に沿って行なわれるのが非点収差の追跡である。以下の計算では，非点収差を計算する経路に対応する子午的光線がすでに追跡され，その追跡値が既知であるものとする。非点収差の追跡は近軸追跡に似た公式によって行なわれるが，それに先だって，軸上面間隔の代わりに光路に沿った面間隔 τ'（図 3.4）を次により求めておく必要がある。

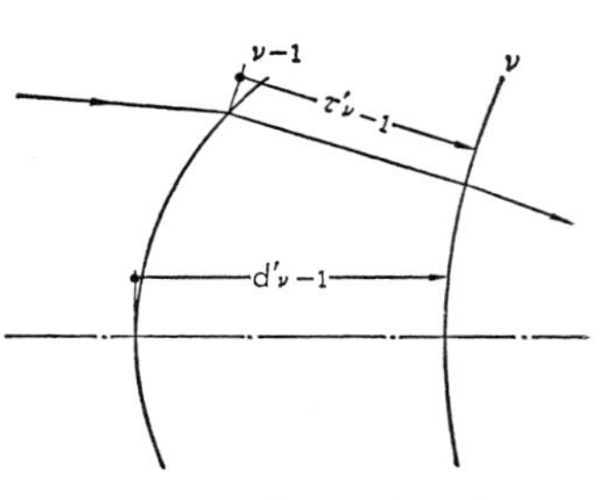

図 3.4　光路に沿った面間隔

$$\tau_{\nu-1}{}'=\frac{d_{\nu-1}{}'+\tilde{x}_\nu-\tilde{x}_{\nu-1}}{X_\nu} \tag{3.24}$$

i) 子午像点の追跡

$$\left.\begin{aligned} h_{y\nu}&=\frac{1}{\xi_\nu}(h_{y\nu-1}\xi_{\nu-1}{}'-\tau_{\nu-1}{}'u_{y\nu})\\ u_{y\nu+1}\equiv u_{y\nu}{}'&=\frac{1}{\xi_\nu{}'}\left(\left|\frac{N_\nu}{N_\nu{}'}\right|\xi_\nu u_{y\nu}+h_{y\nu}\frac{\tilde{G}_\nu}{\rho_{t\nu}}\right)\end{aligned}\right\} \tag{3.25}$$

ここに $\rho_{t\nu}$ は光線の通過点における面の子午的曲率半径で，次により与えられるものである。

$$\frac{1}{\rho_{t\nu}}\equiv\frac{\dfrac{d^2\tilde{x}_\nu}{d\tilde{y}_\nu{}^2}}{\left\{1+\left(\dfrac{m_\nu}{l_\nu}\right)^2\right\}^{3/2}}$$

$$=\frac{1}{\tilde{o}_\nu{}^3}\left[\frac{1}{\tilde{r}_\nu}+l_\nu{}^3\{2A_\nu+12B_\nu\tilde{y}_\nu{}^2+30C_\nu\tilde{y}_\nu{}^4+56D_\nu\tilde{y}_\nu{}^6+90E_\nu\tilde{y}_\nu{}^8\}\right] \tag{3.26}$$

ν 面が球面の場合には右辺は $1/\tilde{r}_\nu$ に等しくなる。(3.25) に含まれている $h_{y\nu}, u_{y\nu}, u_{y\nu}'$ といった量の意味は図3.5から明らかであろう。光線に沿って測った子午像点までの距離 $\mathfrak{t}, \mathfrak{t}'$ と $h_{y\nu}, u_{y\nu}, u_{y\nu}'$ との関係は次のとおりである。

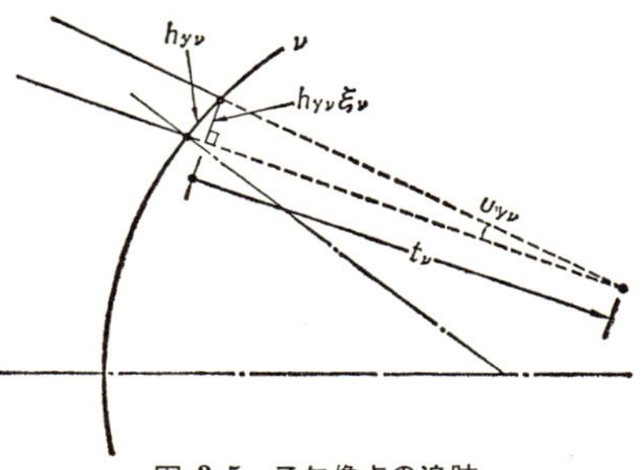

図 3.5 子午像点の追跡

$$u_{y\nu} \equiv \frac{h_{y\nu}\xi_\nu}{\mathfrak{t}_\nu}, \quad u_{y\nu}' \equiv \frac{h_{y\nu}\xi_\nu'}{\mathfrak{t}'_\nu} \tag{3.27}$$

ii) 球欠像点の追跡

$$\left.\begin{aligned} h_{z\nu} &= h_{z\nu-1} - \tau_{\nu-1}' u_{z\nu} \\ u_{z\nu+1} \equiv u_{z\nu}' &= \left|\frac{N_\nu}{N_\nu'}\right| u_{z\nu} + h_{z\nu}\frac{\tilde{G}_\nu}{\rho_{s\nu}} \end{aligned}\right\} \tag{3.28}$$

ここに $\rho_{s\nu}$ は光線の通過点における面の球欠的曲率半径で，次により与えられる。

$$\frac{1}{\rho_{s\nu}} \equiv \frac{\left(\dfrac{v_\nu}{l_\nu}\right)}{\left\{1+\left(\dfrac{m_\nu}{l_\nu}\right)^2\right\}^{1/2}} = \frac{v_\nu}{\tilde{o}_\nu} \tag{3.29}$$

ν 面が球面の場合には右辺は $1/\tilde{r}_\nu$ に一致する。(3.28) に含まれる量の意味は図3.6から明らかで，光線に沿って測った球欠像点までの距離 $\mathfrak{s}_\nu, \mathfrak{s}_\nu'$ と $h_{z\nu}, u_{z\nu}, u_{z\nu}'$ との関係は次のとおりである。

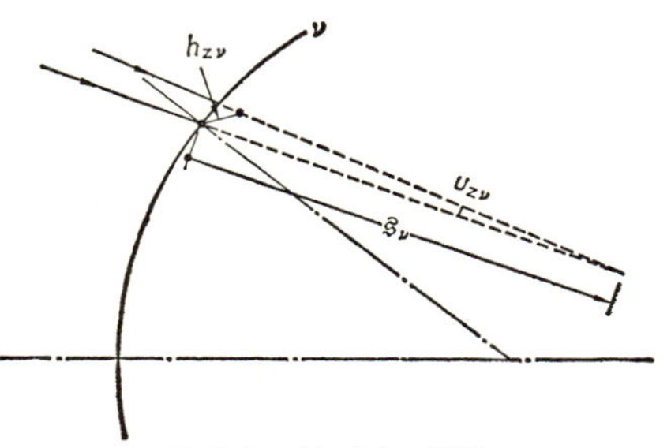

図 3.6 球欠像点の追跡

$$u_{z\nu} \equiv \frac{h_{z\nu}}{\mathfrak{s}_\nu}, \quad u_{z\nu}' \equiv \frac{h_{z\nu}}{\mathfrak{s}_\nu'} \tag{3.30}$$

3.3　追跡条件の指定

A.　波長の選定

光線追跡を実行する場合，媒質の屈折率は波長によって変化するから，まず計算に使用する波長を何種類か選定しなければならない。そして，そのどれかを基準波長に選んで追跡すべき光線の初期条件を決定する。初期条件が決定されたら，まず基準波長について追跡を実行して収差を求めたのち，他の波長についても追跡を行なって波長による収差の変動を調べる。波長の指定には，Fraunhofer 線の呼び名をもってするのが習慣になっており，光学ガラスメーカーのカタログも，これら Fraunhofer 線の波長に対応する屈折率が記載されている。何種類の波長について追跡計算を行なうかは，当然その光学系がどのような分光特性をもった光源や受光系と組み合わされて使用されるかによって異なるが，3〜4 種類の波長を選んで計算を行なう場合が多い。たとえば，写真レンズの場合には基準波長をｄ線（587.6 nm）とし，そのほかにＣ線（656.3 nm），Ｆ線（486.1 nm），ｇ線（435.8 nm），について計算する。また肉眼視用の光学系の場合には，ｄ線を基準波長とし，そのほかにＣ線およびＦ線について計算している。

B.　光学系の瞳と追跡する光線の選定

追跡する光線の初期条件を決定する場合，まず個々の物点から出て光学系に入射する光束の境界に相当する光線の位置を求めなければならい。この光束の境界を決定する役割を果たすのが光学系の**入射瞳**（entrance pupil）である。もし光学系に入射する光束の拡がりを制限するものが実際の**絞り**（stop）であるとするならば，その物界から見た虚像が入射瞳であり，像界から見た虚像が**射出瞳**（exit pupil）である。そして，物点から出て，入射瞳の周縁を通るように入射した光線は，絞空間で実際の絞りの周縁を通過し，また像界では射出瞳の周縁から出たかのように射出する（図 3.7）。光学系がこのような状態にある場合には，物点から出て実際の結像にあずかる有効光束を決定するものは平面的な入射瞳であり，そしてその中心を通る光線が主光線になる。しかし，実際の光学系でこのように簡単な関係になるのは絞りを小さく絞った場合だけである。絞りが開放に近い状態における軸外物点の結像の場合には，絞りの前後に存在するレンズ枠も光束を制限する働きをする。そして光束の上側部と下側部とは一般に別個のレンズ枠で制限される（図 3.8）。

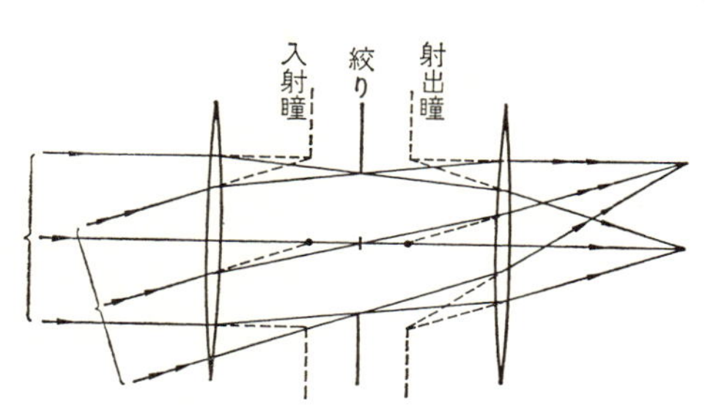

図 3.7　絞り，入射瞳，射出瞳

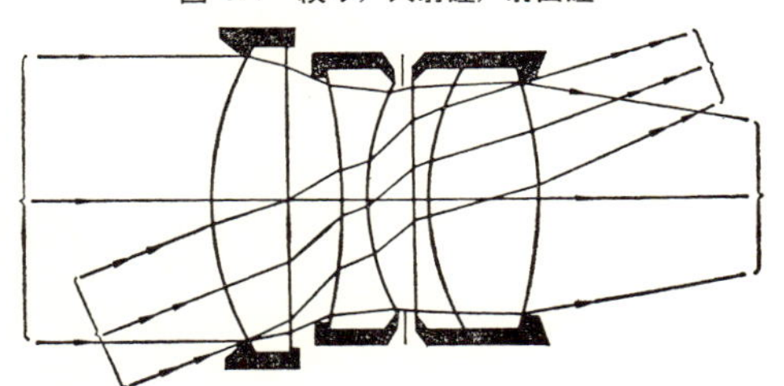
図 3.8　レンズ枠の影響

ところで，個々の光線を指定するには，光軸に垂直な1対の平面が必要である。そのうちの一つはもちろん物体平面であって，この平面上の y 座標で物点が指定される（物点は y 軸上にとられる）。もう一つは指定された物点から出る光束の中のどの光線を追跡するかを座標によって指示するのに必要な平面であって，光学系の近傍の任意の位置にとればよく，これを便宜上入射瞳平面と呼んでいる。そして，実際

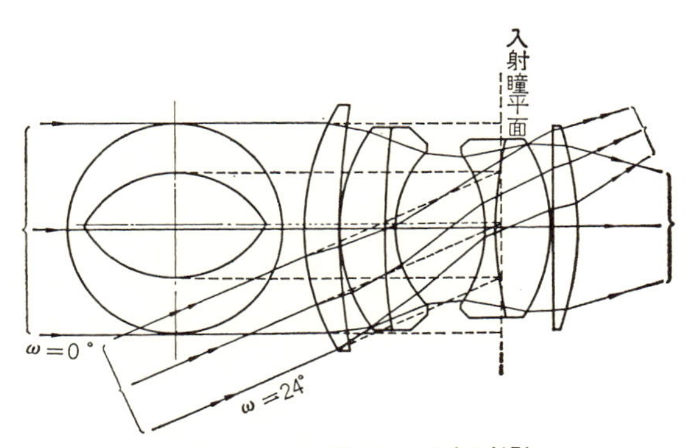

図 3.9　入射瞳平面への瞳の射影

に光束を制限する絞りやレンズ枠などの境界はすべてこの平面上に射影して考えるのである（図 3.9）。この平面上に射影された，光束の通過する区域を入射瞳と呼び，その重心（あるいは単にその子午切断面内の中点）を通る光線を普通は主光線として取り扱っている。この入射瞳の境界を決定するには，実際に何本かの光線を追跡してみて try & error で決める以外にない。

一般に追跡する光線を決定するのには，図 3.10 に示したような光路図を画いてみるとよい。これは光学系の断面図に子午切断面内の主要な光線の経路を画き込んだものである。光路図を画くには，順序としてまず軸上物点から出る最外側の光線を記入する。この光線は，設計仕様として与えられるFナンバーから決まる。すなわち，光学系に入射する軸上光束の，物体側主平面上で測っ

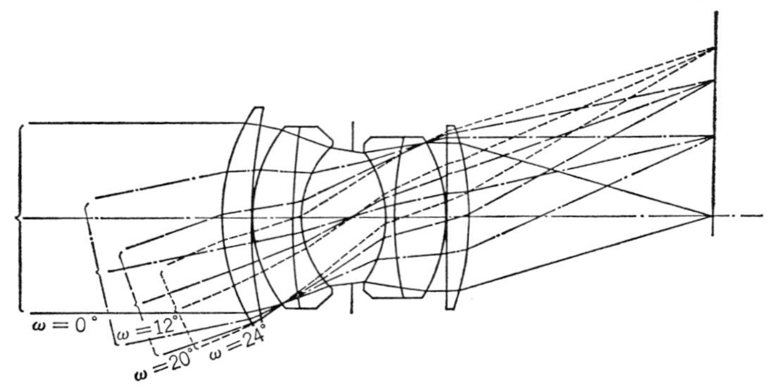

図 3.10　光学系の光路図

た直径Dは

$$D=\frac{f}{F} \tag{3.31}$$

で与えられる。ここに f は光学系の焦点距離，F はFナンバーを表わす。ここで注意すべきことは，物体が有限距離にあるときには，無限遠にあるときに比べて像点までの距離が伸びるから，Dを同じ値にしておくと実効的なFナンバーが増すことである。

軸外物点から出る光束については，すでに記入されている軸上光束の経路を参考にしながら，次の諸点を考慮して try & error で子午切断面内の最外側の2本の光線をきめる。

光量は充分であるか?

レンズの周縁部の厚さは充分とれるか?

光束の幅をそれだけとって収差は悪化しないか?

軸上光束と,画面最周辺に対応する軸外光束(いずれも子午切断面内)の経路が決まれば,光学系の個々の面の**有効径**(光束が自由に通過できる区域の直径,diameter of clear aperture)が決定できる。途中の軸外物点に対応する子午切断面内の光束の外周は,これによっておのずから決まる。

各物点に対応する最外側の子午的光線が決まれば主光線の位置が決まり,skew ray の最外側の光線も try & error で決めることができる。あとは主光線と最外側の光線との中間に,適宜追跡する光線を追加すればよい。図 3.11 (a),(b) は,このようにして決定された追跡光線の,入射瞳平面上における位置を軸上,軸外について図示したものである。

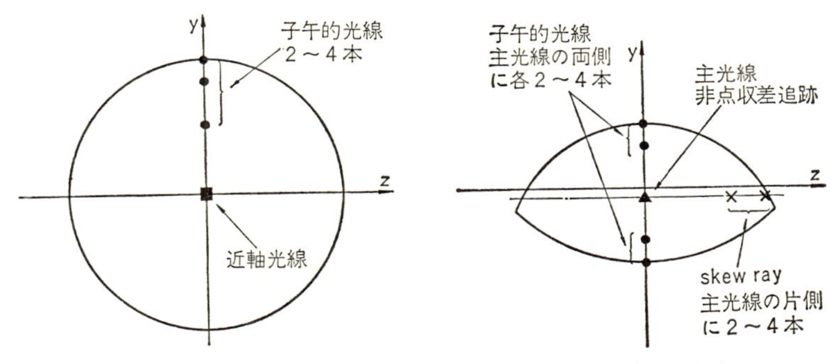

(a) 軸上の場合　(b) 軸外の場合

図 3.11 追跡すべき光線の入射瞳上の位置

C. 光線追跡の初期条件の計算

図 3.11 に示したような光線を,3.2 (p. 41～47) で示した公式を使って追跡する場合の最初の値は,次に示す計算式によって求めることができる。

i) 近軸追跡

h_1:任意(1にとることが多い)

$$\alpha_1=\frac{N_1h_1}{s_1}\quad(s_1\to\infty \text{ のとき } \alpha_1=0)$$

ii）skew ray（子午的光線も含む）の追跡

y_1：物点の高さ（通常負にとる）

(y^*_1, z^*_1)：入射瞳平面上の光線の座標

g_1：入射瞳平面を基点にして測った物体平面までの距離（通常負）

$\tan\omega$：$g_1=\infty$ のときに y_1 に代わって与えられるもので，半画角 ω の tan-gent $(\omega>0)$

が与えられているとき，初期条件は次により計算される。

$g_1\neq\infty$ の場合

$$\left.\begin{aligned} X_1&=\frac{1}{\left\{1+\left(\dfrac{y^*_1-y_1}{g_1}\right)^2+\left(\dfrac{z^*_1}{g_1}\right)^2\right\}^{1/2}} \\ Y_1&=-\frac{y^*_1-y_1}{g_1}X_1 \\ Z_1&=-\frac{z^*_1}{g_1}X_1 \end{aligned}\right\} \tag{3.32a}$$

$g_1=\infty$ の場合

$$\left.\begin{aligned} X_1&=\frac{1}{(1+\tan^2\omega)^{1/2}} \\ Y_1&=X_1\tan\omega \\ Z_1&=0 \end{aligned}\right\} \tag{3.32b}$$

第1面の計算を開始するには先行する面上の光線通過点の座標が必要であるが，入射瞳平面自体を先行する面として取り扱えばよい。

iii）非点収差の追跡

$$\xi_0'=h_{y_0}=h_{z_0}=1.0 \tag{3.33a}$$

$g_1\neq\infty$ の場合

$$u_{y_1}=u_{z_1}=\frac{X_1}{g_1} \tag{3.33b}$$

$g_1=\infty$ の場合

$$u_{y_1}=u_{z_1}=0 \tag{3.33c}$$

3.4 収差の計算と表示方法

A. 近軸色収差

色収差には大別して軸上色収差と倍率の色収差の2種類があり，近軸追跡による色収差の検討もこれらに対応した二つの量を考える必要がある。まず軸上色収差に対応する近軸量として近軸像点位置の色収差

$$\Delta s_k' \equiv s_k' - s_{k0}' \tag{3.34}$$

を計算する。ここに suffix 0 は基準波長に関する近軸量であることを示す(以下同様)。また倍率の色収差に対応するものとして近軸横倍率の色収差

$$\Delta\beta \equiv \frac{\alpha_1}{\alpha_k'} - \left(\frac{\alpha_1}{\alpha_k'}\right)_0 \tag{3.35}$$

を計算すればよい。ただし，この横倍率の差は，それぞれの波長に対応する近軸像平面上へ結像される場合の倍率の差を表わすものであって，基準波長の近軸像平面上で測った倍率の差ではないから注意を要する。物体が無限遠にある場合には，(3.35) は零になって使えないので別の公式を用いる必要がある。物体が無限遠にある場合には，光学系の像側節点 $\mathfrak{N}'$ の色によるズレが除去されると倍率色収差がなくなる。まず像側節点 $\mathfrak{N}'$ から像側焦点までの距離の色によるズレは (2.33a) より

$$\Delta\left(\left|\frac{N_1}{N_k'}\right| N_k' f\right) \equiv \left|\frac{N_1}{N_k'}\right| N_k' f - \left(\left|\frac{N_1}{N_k'}\right| N_k' f\right)_0 \tag{3.36a}$$

であるが，$\mathfrak{N}'$ の色によるズレがなくなる条件は，この値が (3.34) の $\Delta s_k'$ に等しくなることである。すなわち

$$\Delta\left(\left|\frac{N_1}{N_k'}\right| N_k' f\right) = \Delta s_k' \tag{3.36b}$$

である。図 3.12 に示したようにこの条件が満たされた場合でも，一般に物界の節点 $\mathfrak{N}$ には色によるズレが存在するが，それぞれの波長に対応する節点に平行に入射したそれぞ

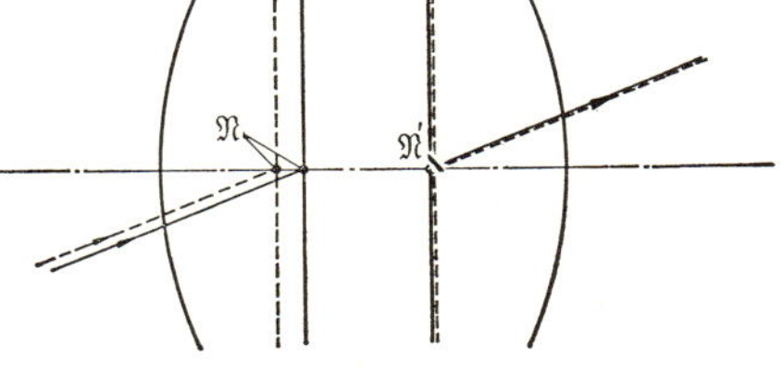

図 3.12 節点と倍率色収差

れの波長の光線は，像界で同じ位置から入射光線に平行に射出することになるから，物点が無限遠にあれば倍率の色収差が除かれる。実際の設計では，この条件は倍率の色収差補正のめやすとして案外有効である。

B. 球面収差

球面収差（spherical aberration）は光軸上の物点から，光軸と任意の角度をもって射出する光線の結像状態を表わすものであって，一般に縦収差（基準波長に関する近軸像点を基準にして測った収束点の光軸方向のズレ）の形で表示される。図 3.13 に示すように，軸上物点から出て光学系に入射する任意の光線が光軸と交わる位置を最終面から S_k' とすれば，球面収差 $S.A.$ は

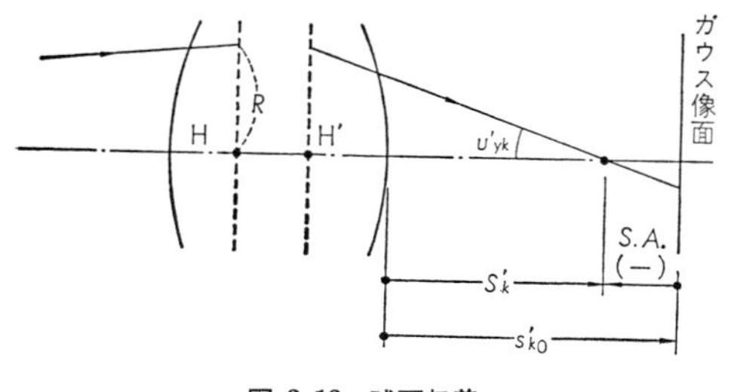

図 3.13　球面収差

$$S.A. \equiv S_k' - s_{k0}' \tag{3.37a}$$

により与えられる。ただし S_k' は

$$S_k' = \frac{\tilde{y}_k}{\tan u_{yk}'} + \tilde{x}_k = \tilde{x}_k - \frac{X_k'}{Y_k'}\tilde{y}_k \tag{3.37b}$$

により計算される。球面収差を図示するには縦軸に入射瞳上の入射高 y_0，または物体側主平面上の入射高 R をとり，横軸に $S.A.$ をとって 図 3.18(a) のように表わす。基準波長以外の波長についても計算して，同じ図上に表示する。この場合，(3.34) で求めた近軸像点位置の色収差 $\Delta s_k'$ が $S.A.$ の曲線の入射高零における位置のズレを与える。各波長に対する $S.A.$ の曲線は，その根元の位置での接線が縦軸に平行になる。

C. 正弦条件

有限な広がりをもつ光束の収差が，像平面上のある像点の近傍で，その像平面上での像点の位置に関係なく一定であるとき，その光束はその像点の近傍で isoplanatic であるといい，そのための条件を isoplanatic condition という。

そして，特に軸上像点の近傍で収差が一定であるための条件が，ここで取り扱う**正弦条件**（sine condition）として知られている。光軸近傍の画面区域で収差が一定であるためには，画角の1乗に depend する収差が，光束全般にわたって除かれている必要がある。収差論によると，画角の1乗に比例するのはコマ収差の一部のものであって，結局正弦条件は，光束全般にわたって，この種のコマ収差が除去されることを要求するものである。

正弦条件を誘導するには，一般化された Helmholtz-Lagrange 不変式が必要である。これは 2.6（p. 23～24）で述べた関係を任意の光線近傍の関係に一般化したものである。図 3.14 はCに曲率中心をもつ光学系の中の任意の面を示したものである。この面上のきわめて近接した2点 A, B に入射する2本の近接光線を考える。これら2本の光線はD点で交わるように入射するものとし，$\angle \mathrm{ADB}=du$，$\overline{\mathrm{AD}}=m$ とする。$\overline{\mathrm{AD}}$ が光軸となす角を u，$\overline{\mathrm{AC}}$ となす角（入射角）を i とする。今，A点を通り，$\overline{\mathrm{AD}}$ と微小な角 di をなすもう1本の光線を考え，Dから光軸に下した垂線との交点をEとする。そして，D点の光軸からの高さを y, $\overline{\mathrm{DE}}=dy$ とする。図から明らかに

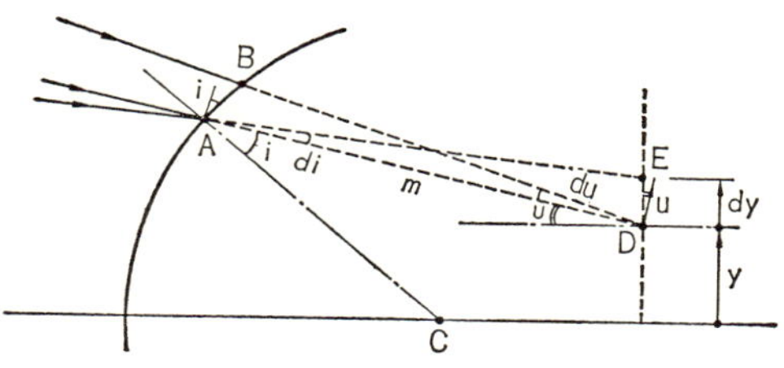

図 3.14　一般化された Helmholtz-Lagrange 不変式の誘導

$$di=\frac{dy\cos u}{m},\quad du=\frac{\overline{\mathrm{AB}}\cos i}{m}$$

が成り立つことから直ちに次式を得る。

$$\frac{di}{du}=\frac{dy\cos u}{\overline{\mathrm{AB}}\cos i}$$

同様のことが屈折後の光線についても成り立つから

$$\frac{di'}{du'}=\frac{dy'\cos u'}{\overline{\mathrm{AB}}\cos i'}$$

が得られ，これらより

$$\frac{di}{di'}=\frac{dy}{dy'}\frac{\cos u}{\cos u'}\frac{\cos i'}{\cos i}\frac{du}{du'}$$

なる関係を得る。一方，Snell の法則 $N\sin i=N'\sin i'$ より

$$\frac{di}{di'}=\frac{N'}{N}\frac{\cos i'}{\cos i}$$

が成立するから，これを上の関係式に入れて整理すると最後に次の等式が得られる。

$$N\cos u\cdot du\cdot dy=N'\cos u'\cdot du'\cdot dy' \tag{3.38}$$

これが一般化された Helmholtz-Lagrange の不変式であって，任意の光線近傍の無限に細い光束の結像に対して成立する。

さて，ここで任意の光学系による光軸近傍の無限に小さい物体の結像を考える。図 3.15 において，$\overline{\mathrm{OP}}=y$ を光軸近傍の微小な物体とし，$\overline{\mathrm{O'P'}}=\overline{y}'$ をその理想像，A′ を射出瞳中心とする。今，O から光軸と u なる角度をなすよう

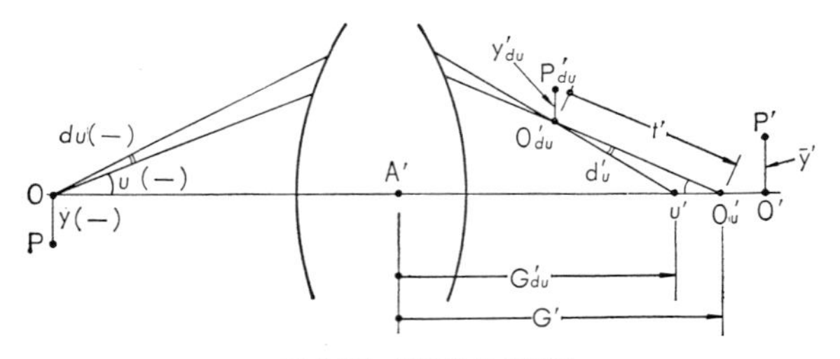

図 3.15　正弦条件の誘導

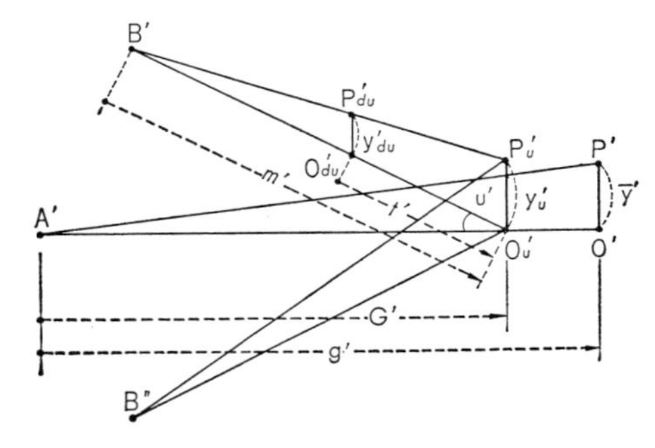

図 3.16　正弦条件とコマ

に射出する任意の光線が像界では光軸と u' なる角度をなすように射出し，光軸上 $\overline{\mathrm{A'O}_u{}'}=\mathrm{G}'$ なる点 $\mathrm{O}_u{}'$ で光軸と交わるものとする。そして，この光線に近接し，Oから光軸と $u+du$ なる角度をなすように射出するもう1本の光線が A' から $\mathrm{G}_{du}{}'$ なる距離で光軸と交わり，また最初の光線と $\mathrm{O}_{du}{}'$ で交わるものとする。そうすると，最初の光線近傍の，細い光束による $\overline{\mathrm{OP}}=y$ の像は $\overline{\mathrm{O}_{du}{}'\mathrm{P}_{du}{}'}=y_{du}{}'$ となり，一般化された Helmholtz-Lagrange の不変式が適用できる。すなわち

$$N\cos u\cdot du\cdot y=N'\cos u'\cdot du'\cdot y_{du}{}' \tag{3.39}$$

ところで，図から明らかに

$$\sin u'=\frac{t'\cdot du'}{G'-G_{du}{}'}=-\frac{du'}{dG'}t' \tag{3.40}$$

が成り立つ。これからさらに議論を進めるには，もう少し別の観点からの考察が必要である。

図 3.16 は図 3.15 を少し別の角度からまとめ直したものである。A' は前と同様，射出瞳の中心，$\overline{\mathrm{B'O}_u{}'}$ および $\overline{\mathrm{B''O}_u{}'}$ は物点Oから光軸と u なる角度をなすように射出する上下1対の光線の像空間での径路，$\overline{\mathrm{B'P}_u{}'}$ および $\overline{\mathrm{B''P}_u{}'}$ は軸外物点Pから出て，軸上の場合と同じ相互の開き角をなす上下1対の光線の径路とし，$\overline{\mathrm{O}_u{}'\mathrm{P}_u{}'}=y_u{}'$ とする。物体 $\overline{\mathrm{OP}}=y$ は光軸近傍の微小物体であるから，$\angle\mathrm{B'P}_u{}'\mathrm{B''}=\angle\mathrm{B'O}_u{}'\mathrm{B''}$ でかつ $\overline{\mathrm{A'P}_u{}'}$ と $\overline{\mathrm{A'O}_u{}'}$ とはそれぞれ$\angle\mathrm{B'P}_u{}'\mathrm{B''}$ と $\angle\mathrm{B'O}_u{}'\mathrm{B''}$ とを2等分すると仮定してさしつかえない。そうすると，点 $\mathrm{B}',\mathrm{A}',\mathrm{B}'',\mathrm{O}_u{}',\mathrm{P}_u{}'$ は同一円周上にあるとみなし得る。図において，$\overline{\mathrm{O'P'}}=\bar{y}'$ は $\overline{\mathrm{OP}}=y$ の理想像で $\overline{\mathrm{A'O'}}=g'$，また $\overline{\mathrm{B'O}_u{}'}=m'$，$\overline{\mathrm{O}_{du}{}'\mathrm{O}_u{}'}=t'$ とする。図から

$$\frac{y_u{}'}{y_{du}{}'}=\frac{m'}{m'-t'}=\frac{G'\cos u'}{G'\cos u'-t'} \tag{3.41}$$

であるが，(3.40) より

$$t'=-\sin u'\frac{dG'}{du'}$$

であるから，これを（3.41）に代入することにより

$$y_u'=\frac{G'\cos u'}{G'\cos u'+\sin u'\dfrac{dG'}{du'}}y'_{du} \tag{3.42}$$

を得る。一方（3.39）より

$$y_{du}'=\frac{N\cos u\cdot du\cdot y}{N'\cos u'\cdot du'}$$

であるから，これを（3.42）に代入して整理すると

$$y_u'=\frac{NG'\cos u\cdot du}{N'(G'\cos u'\cdot du'+\sin u'\cdot dG')}y=\frac{NG'd(\sin u)}{N'd(G'\sin u')}y$$

すなわち，次の形にまとめられる。

$$N'y_u'd(G'\sin u')=NyG'd(\sin u) \tag{3.43}$$

ここで，y_u' と G' とは近軸領域に移行するに従って，それぞれ $\bar{y}'$ と g' とに収束する量であることから，（3.43）の両辺を積分するに際して，ともに一定とみなしてさしつかえない。この積分を実行することにより，直ちに

$$y_u'=\frac{N\sin u}{N'\sin u'}y \tag{3.44}$$

が得られる。

ここでさらに子午的コマとの関係を考えよう。図 3.16 で，物体が微小であることから $\overline{\mathrm{A'P'}}$ は主光線を表わすと考えて良い。そこで，$\overline{\mathrm{A'P'}}$ が $\overline{\mathrm{O}_u'\mathrm{P}_u'}$ を切る高さを $\bar{y}_u'$ とすると

$$\bar{y}_u'=\frac{G'}{g'}\bar{y}'=\beta y\frac{G'}{g'}$$

と表わせる。子午的コマは $y_u'-\bar{y}_u'$ で与えられるから，（3.44）とこの $\bar{y}_u'$ の関係式から

$$\text{mer. Coma}=\frac{Ny}{N'\hat{g}}\left\{\frac{\hat{g}\sin u}{\sin u'}-\frac{\hat{g}'}{g'}G'\right\} \tag{3.45}$$

となる。これをさらに使い易い形にするために図 3.17 の関係を利用する。すなわち，主平面上の瞳半径Rを導入して $\hat{g}\sin u=R\cos u$ と表わし，また半画角 ω を導入して $y/\hat{g}=\tan\omega$ とし，同時に G' を g' と球面収差（$S.A.$）

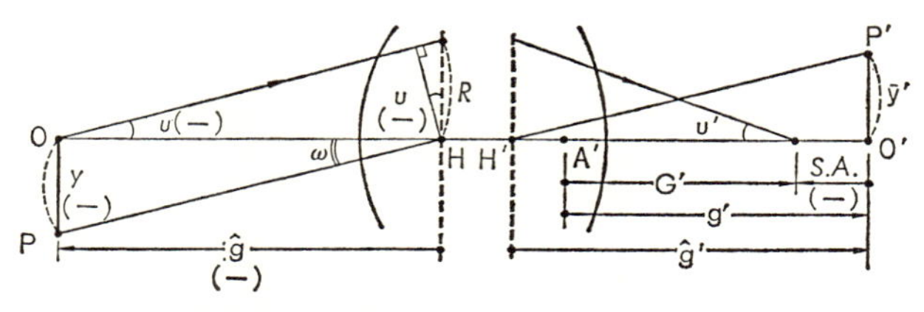

図 3.17 正弦条件におけるパラメーターの変換

とに分解して $G'=g'+(S.A.)$ とおけば，(3.45) は最終的に次の形にまとめられる。

$$\text{mer. Coma}=\frac{N\tan\omega}{N'}\left[\left\{\frac{R\cos u}{\sin u'}-\hat{g}'\right\}-\frac{\hat{g}'}{g'}(S.A.)\right] \qquad (3.46)$$

物体が無限遠のときには $R\cos u\to R$, $\hat{g}'\to N'f$ となることは明らかであろう。これからわかるように，球面収差が除かれた光学系では

$$S.C.\equiv\frac{R\cos u}{\sin u'}-\hat{g}'=0 \qquad (3.47)$$

なる条件が，光軸近傍で，瞳半径 R の光線に対してコマの存在しない条件であって，一般にこれを正弦条件と呼んでいる。この等号が成立しないとき，(3.47) の左辺（$S.C.$）が正弦条件不満足量を表わす。3.2. C.（p. 42〜46）に示した公式を使って光線追跡を行なった場合には，$S.C.$ の第1項 $(R\cos u)/\sin u'$ は $-(RX_1)/Y_k'$ によって計算される。

$S.C.$ を図示するには，一般に図 3.18(a) に示すように，$S.A.$ と同じ図上に点線で区別して表示する（普通は基準波長についてだけ計算する）。

球面収差が存在する光学系でも，(3.46) の［　］内が零になる場合，その光学系は光軸近傍で isoplanatic になる。そして $\hat{g}'=g'$，すなわち光学系の像側主点と射出瞳中心とが完全に一致する場合には，$S.C.$ の曲線と $S.A.$ の曲線とが一致することが isoplanatic な状態に対応するのであるが，一般には $\hat{g}'\neq g'$ であって，特に射出瞳位置が主点と著しくズレているような光学系（たとえば望遠型レンズや逆望遠型レンズなど）の場合には，$S.C.$ の曲線が $S.A.$ の曲線からズレた状態（そのズレの程度は $\hat{g}'/g'$ により決まる）にしないと isoplanatic にならない。もし，(3.46) の [　] 内が完全に零にならなければ，光軸を離れるに従ってコマが発生することになる。その場合の $S.C.$ と子午的コマとの量的な関係は (3.46) で与えられる。ただし，(3.46) は，図 3.16 における B', A', B'', O_u', P_u' が同一円周上にあるという仮定のもとでのみ成り立つことに注意する必要がある。すなわち，ある程度収差の除かれた光学系であってはじめて $S.C.$ と残存コマとの関係が量的に表わされるのである。

D. 非点収差と像面彎曲

非点収差と像面彎曲とは，一般に主光線近傍の細い光束について計算する。3.2. D. (p. 46～47) の追跡結果から子午像面彎曲 $\varDelta M$，球欠像面彎曲 $\varDelta S$ (いずれもガウス像平面から光軸に平行に測った値) を計算するには次による。

$$\left.\begin{aligned}\varDelta M&=\left(\frac{h_{yk}\xi_k'}{u_{yk}'}X_k'+\tilde{x}_k\right)-s_{k0}'\\ \varDelta S&=\left(\frac{h_{zk}}{u_{zk}'}X_k'+\tilde{x}_k\right)-s_{k0}'\end{aligned}\right\}\tag{3.48}$$

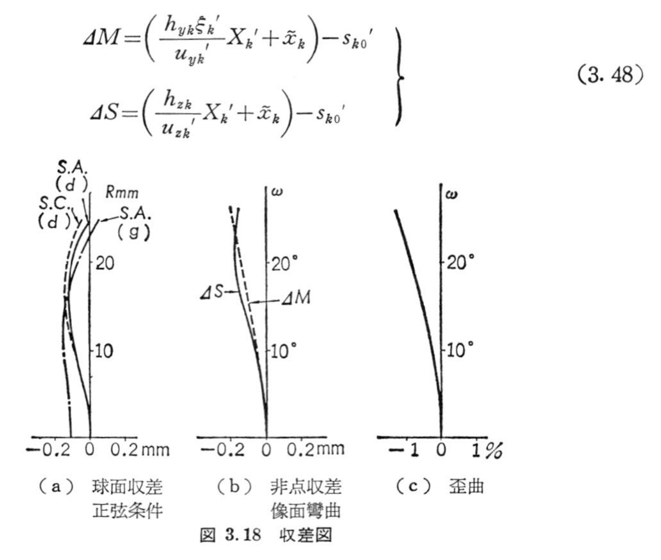

(a) 球面収差 正弦条件　　(b) 非点収差 像面彎曲　　(c) 歪曲

図 3.18　収差図

これらを図示するには，縦軸に半画角 ω または理想像高 $\bar{y}'$ をとり，横軸に $\varDelta M$ と $\varDelta S$ とをとって図 3.18 (b) のように表わす。基準波長のみについて図示することが多いが，その場合には $\varDelta M$ を点線，$\varDelta S$ を実線で画く習慣になっている。もし，他の波長についても図示する場合には，波長の異なる曲線が相互にまぎらわしくならないようにくふうを要する。ω または $\bar{y}'$ が零にな

った極限位置での $\varDelta M, \varDelta S$ の値は当然軸上色収差 $\varDelta s_k'$ と一致し，また球面収差の場合と同様に，この位置での $\varDelta M, \varDelta S$ の曲線への接線は縦軸に平行になる。光学系の性能を判断する一つの尺度として非点収差をみる場合，しばしば球面収差残存量とのかね合いが問題になるので，横軸のスケールは球面収差のそれと揃えて置くことが望ましい。

E. 歪 曲

歪曲を表わすには，主光線の像高 y_{pr}' が理想像高 $\bar{y}'$ からどれだけズレているかを，$\bar{y}'$ に対する百分率で示す。すなわち

$$D\,\mathrm{ist}\,(\%)=\frac{y_{pr}'-\bar{y}'}{\bar{y}'}\times 100 \tag{3.49}$$

ここでガウス平面上の像高 y_{pr}' を計算するには後述の（3.50）による（主光線は z 成分が零であるから，y 成分についてだけ計算すればよい）。歪曲を図示するには，縦軸は非点収差と同じにとり，横軸に $D\,\mathrm{ist}\,(\%)$ をとって，図3.18（c）のように表わす。歪曲は一般に基準波長についてだけ計算し，図示する。歪曲の曲線も，ω または $\bar{y}$ が零の位置での接線が縦軸に平行になる。樽型歪曲は値としてマイナス，糸巻型歪曲はプラスになる。普通の写真レンズの場合，歪曲が1％以下ならばまず問題にならないが，一般に糸巻型歪曲よりも樽型歪曲の方が目だちにくいし，また，絶対量が同じでも変化の激しい形の方が目だち易いので，一概に絶対量だけで良否を判定する訳にはいかない。

F. 収差の総合的な表示方法

上に述べた球面収差と正弦条件の曲線からは，光軸近傍の結像性能についてかなり詳細な情報が得られ，また歪曲の曲線からは像の歪みについて一応充分な判断が得られる。しかし，非点収差と像面彎曲の曲線からは，画面の広い範囲を占める軸外の結像性能について，きわめて大ざっぱな判断しか得られない。なぜなら，これらの曲線がもともと主光線近傍の，無限に細い光束の非点収差に関する情報しか含んでいないのに対して，実際の軸外光束には，球面収差，コマ，非点収差，像面彎曲といったあらゆる収差が同時に含まれているからである。したがって，実際の設計では，図3.18（a），(b)，(c）のような表示方法

だけでは不充分で，軸外の結像性能を総合的に正確に判断できるような表示方法を別個にくふうしなければならない。ここでその代表的な方法について述べる。

a.　多数の光線を画いて表わす方法　これは図 3.19 に示したように，それぞれ光束の子午的断面，球欠的断面について，多数の光線の経路を実際に画いて見て，その集中状態から結像性能を判断しようという方法で，以前にはしばしば用いられていた。この方法で正確な判断をしようと思えば，かなり多数の光線を画かなければならず，それらを実際に追跡するか，もしくは補間法で補充する必要がある。しかし，そうした努力を払ったとしても，discrete な光線を用いることからくる次のような欠点を避けることはできない。

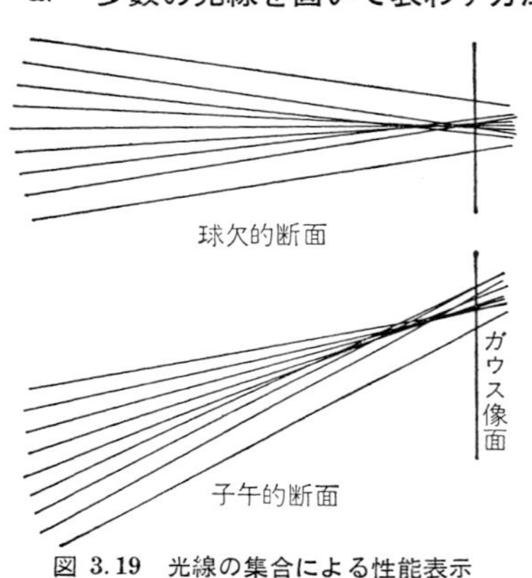

図 3.19　光線の集合による性能表示

i）光束の最外側の光線に判断の重点がかかり易い。

ii）光線の選び方によって，判断が変わる恐れがある。

iii）光束の中心付近の非対称性に関する微妙な差異を見分けにくい。

もっと手間をかけないで，しかもこういった欠点のない方法として考えられたのが，次に述べる横収差曲線による表示法である。

b.　横収差曲線による性能表示　この方法は，図 3.20 に示すように，ガウス像平面上の横収差（主光線の交点からのズレ）$\Delta y \equiv y' - y_{pr}'$，$\Delta z \equiv z' - z_{pr}'$ を，入射瞳平面上もしくは物体側主平面上の瞳座標と関連づけて図示する方法である。3.2. C.（p. 42～46）で述べた追跡により，ガウス像平面上の光線通過点の座標（y', z'）を求めるには，ガウス像平面を仮想的な屈折面として取り扱って交点の座標を求めてもよいが，光学系の最終面上の座標（$\tilde{x}_k, \tilde{y}_k, \tilde{z}_k$）から直接求める場合には次の公式を用いる。

$$
\left.\begin{aligned}
y' &= \tilde{y}_k + \frac{Y_k'}{X_k'}(s_{k0}' - \tilde{x}_k) \\
z' &= \tilde{z}_k + \frac{Z_k'}{X_k'}(s_{k0}' - \tilde{x}_k)
\end{aligned}\right\} \tag{3.50}
$$

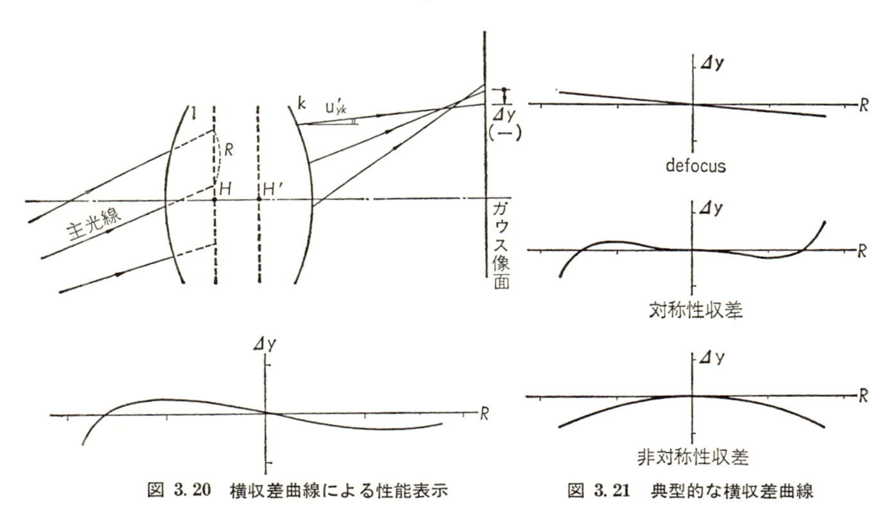

図 3.20 横収差曲線による性能表示

図 3.21 典型的な横収差曲線

ところで，子午的光束については Δz は常に零になるから，Δy を縦軸にとり，横軸にたとえば物体側主平面上の瞳座標 R（原点のとり方は任意であるが，主光線の通過点をとるのが都合がよい）をとって，図 3.20 に示したように図示すればよい。瞳座標による横収差の変化は連続的であるから，追跡値から得られる値を点として plot したのち，それらを結んで横収差曲線を画くことができる。このような横収差曲線から性能を判断するには，個々の収差がどのような横収差曲線と対応するか充分心得ておく必要がある。以下要点だけ述べておこう。

典型的な横収差曲線として，図 3.21 に示した三つの場合をあげることができる。すなわち，defocus（像面彎曲を含む），対称性の収差，非対称収差（広義のコマ）である。もし光束が無収差であれば，当然横収差曲線は横軸に一致するが，defocus だけが存在する場合には，原点を中心に傾いた直線になる。

時計方向の傾きがレンズに近づく方向への defocus に対応する。対称性の収差だけが存在する場合には，曲線は原点に関して点対称な形になり，原点近傍で横軸に接する。瞳座標がプラスで大きくなるに従って，Δy がプラス方向に曲がるのが球面収差でいう補正過剰であり，その反対が補正不足である。非対称収差だけが存在する場合には，曲線は縦軸に関して左右対称な形になり，やはり原点近傍で横軸に接する。そして，上方に対して曲線が凸状に曲がるのが内向性のコマ，その反対が外向性のコマに対応する。

実際の軸外の横収差曲線は，以上述べた個々の収差がすべて混ざった，たとえば図 3.22 のような形になる。基準波長以外の波長の曲線も重ねて図示すれば（この場合，原点はもちろん基準波長の主光線通過点とし，異なる波長の曲線がまぎらわしくならないように，実線，一点鎖線，点線等を適宜使い分けて表示するとよい），倍率の色収差は曲線の上下方向のズレとして表わされる。さらに，このような表示で横軸に主平面上の瞳座標 R をとることにすれば，これらの曲線に最もよく fit する直線を引いて，その傾き ε(rad.) を読みとることによって，best focus 位置を推定することができる。すなわち，図 3.23 に示すように横収差 Δy に対応する defocus を Δx，像側主平面上の瞳座標を R' とすれば

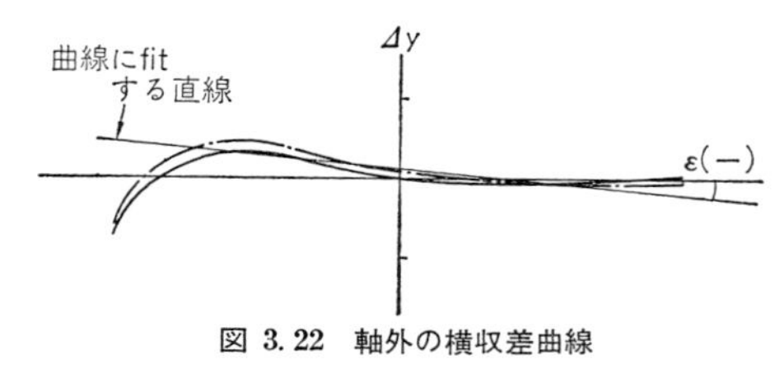

図 3.22　軸外の横収差曲線

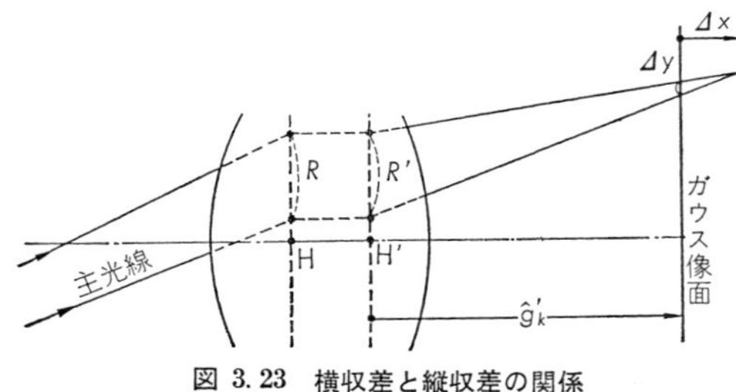

図 3.23　横収差と縦収差の関係

$$\frac{\Delta x}{\Delta y} \fallingdotseq \frac{\hat{g}_k'}{R'} \fallingdotseq \frac{\hat{g}_k'}{R}$$

すなわち

$$\Delta x \fallingdotseq \frac{\Delta y}{R}\hat{g}_k' = \varepsilon \hat{g}_k' \qquad (3.51\text{a})$$

となるから，εから直ちに best focus 位置 Δx を知ることができる。ただし，この関係は大口径の光学系の場合のように $R \fallingdotseq R'$ と置けない光学系には適用できない。そのような光学系に対しては，横軸にRの代わりに

$$\Delta \tan u_{yk}' \equiv \tan u_{yk}' - (\tan u_{yk}')_{pr}$$
$$= \left(-\frac{Y_k'}{X_k'}\right) - \left(-\frac{Y_k'}{X_k'}\right)_{pr}$$

をとればよい。この場合には（3.51a）に対応して

$$\Delta x = \frac{\Delta y}{\Delta \tan u_{yk}'} = \varepsilon \qquad (3.51b)$$

なる関係が厳密に成り立つ[3)]。しかし，その反面，横軸に $\Delta \tan u_{yk}'$ をとると，横収差曲線の横の拡がりと入射光束の幅とが直接には対応しなくなるので一長一短である。このへんは目的に応じて適宜使い分けるべきであろう。

球欠的光束については，Δy も Δz もともに零にならないのでくふうが必要である。もともと球欠的光束は，z 方向のみに広がりをもつ平面光束なので，Δy は零になるべきなのであるが，1.2. B.（p. 6〜11）で述べた溝状収差が存在するために，零にならないのである。そこで，筆者が行なっている方法を述べると，横軸に z 方向の瞳座標をとり，縦軸に球欠的成分 Δz をとって子午的光束の場合と同様に表示し（この場合の横収差曲線は，原点に関して点対称になることがわかっているから，追跡は図 3.11 に示したように子午切断面の片側だけ行なえばよい），基準波長に対する溝状収差 Δy の値は曲線の横に数値で付記しておくのである（図 3.24 参照）。溝状収差は，球欠的光束に関する収差でありながら，子午的結像特性を劣下させる点で見のがせない。

結局，軸外の結像特性は，一つの物点に対応して，子午的成分と球欠的成分の2種類の横収差図を画くことによって，はじめて落ちなく表現される。しかし，各画面位置に対応する横収差図をバラバラに見ていたのでは，光学系の総合的な性能の判断ができないから，全体が一目で見渡せるように整理することが大切である。図 3.24 は，典型的なガウス型レンズの性能を，そのように整理して図示した例である。対称型レンズの特徴として，非対称収差は全般に少ないけれども，軸外における補正過剰のハロ（斜光束の球面収差）の著しいことが

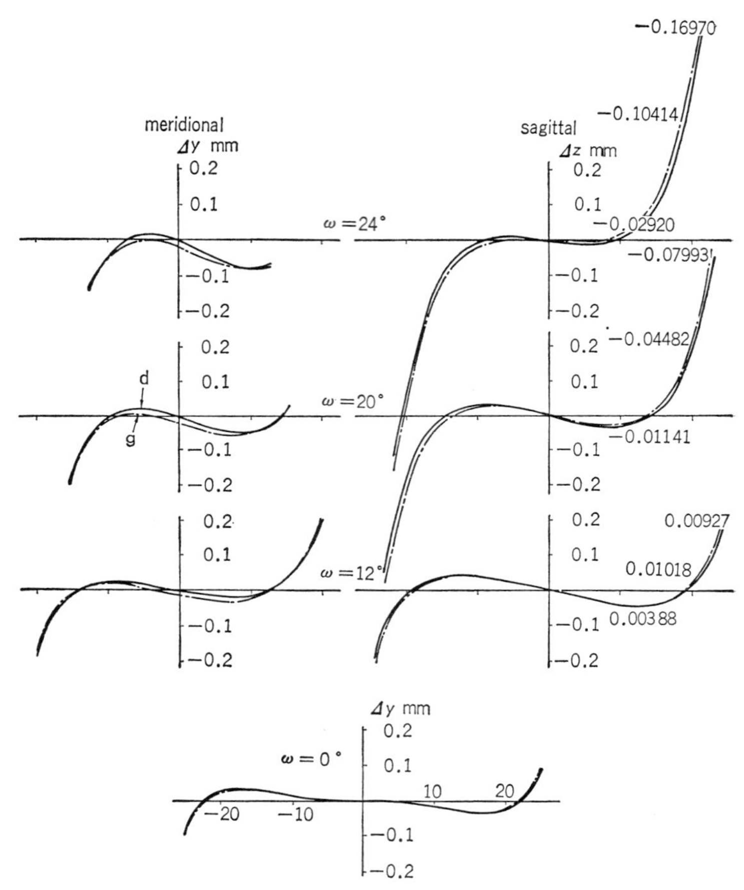

図 3.24　ガウス型レンズの横収差曲線

一見して明らかであろう。

G.　周辺光量の推定

写真レンズの設計に当たって重要な要素の一つに，周辺光量の問題がある。1.2. B.（p.6～11）で述べた vignetting のために，光束に直角な断面積は軸上から軸外に行くに従って，一般には低下する。今，光軸に直角な任意の平面をとり，その平面による半画角 ω の位置での軸外光束の断面積を A，軸上

光束の断面積を A_0 とするとき，もし物体が遠方にあり，しかも光学系に歪曲がなければ，ω に対応する画角位置での画面中心に対する相対的な像面の照度 $E_R(\omega)$ は

$$E_R(\omega)=\left(\frac{A}{A_0}\right)\cos^4\omega \tag{3.52}$$

によって与えられることが知られている[4)]。この右辺に含まれる（A/A_0）を百分率で表わしたものを"開口効率"と呼んで，周辺光量を示す尺度とする。写真レンズを設計する場合には，画面最周辺でのこの値が一定値以上あるように，入射光束の幅を想定して，それを維持しながら設計を進めることになる。しかし，時には光線追跡の過程で，子午的光束の幅から，光束の断面積 A を計算して確かめたい場合がある。以下その方法について述べる。

図 3.25（a）はガウス型レンズについて，軸上光束と画面最周辺に対応する軸外光束の光路図を示したものである。ここで，光軸に垂直な任意の平面による切り口の幅を，図に示したように，それぞれ $\overline{P_1P_2}=a$, $\overline{Q_1Q_2}=b$ とすれば，$\overline{P_1P_2}$ を前方から見ると直径

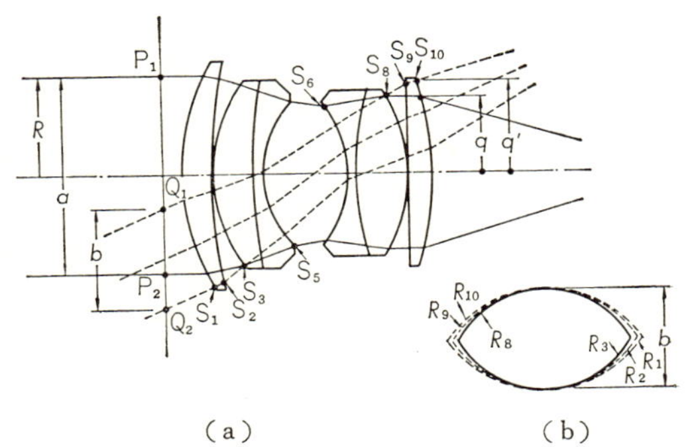

（a）　（b）

図 3.25　周辺光量の推定

$a=2R$ の円になることは明らかである。ここで $\overline{Q_1Q_2}$ を前から見た形状がどうなるか考えてみよう。今，光束を制限しているレンズ枠の縁を $S_1, S_2, \cdots\cdots, S_9, S_{10}$ とする。そうすると，光束の断面図形は，これらレンズ枠を物界から見通した虚像によって囲まれた部分である。この場合，物界から見た各レンズ枠の見かけの半径は，光路図から簡単に求めることができる。それには，軸上光束が各面を通過する場合の外周が物界から見た場合の半径 R の円に対応するという事実を利用する。たとえば，図 3.25（a）で軸上光束の外周が最終面を切る半径 q は，物界から見れば半径 R に対応する。そこで，S_{10} の見かけの半径

R_{10} は $(q'/q)R$ であることがわかる。そして，レンズ枠 S_8, S_9, S_{10} は軸外光束の上端の光線に沿っているから，物界から軸外光束に沿って見透した場合には図 3.25 (b) のように R_8, R_9, R_{10} の上端は重なる。同様にして，光束の下側では R_1, R_2, R_3 の下端が重なり，実際の光束の断面は実線で囲まれた形のように求められる。細かい計算を行なわなくても，このような作図で，比較的正確に周辺光量の見積りができる。

3.5　精密な性能評価の計算

最後に，レンズ設計の過程で行なわれる精密な性能評価の計算について簡単に触れておく。今までに述べた方法が，図 3.11 に示したように，光束中のきわめて少数の光線の計算値から結像性能を推定しようとするものであったのに対して，ここで述べる方法は，多数の光線を実際に追跡するか，もしくは補間法によってそれと同等のことを行なって，結像性能を正確に求めようとするものである。幾何光学的な方法と物理光学的な方法とがあるが，ここではそれぞれについて簡単に述べる。

A.　スポットダイヤグラムと幾何光学的 OTF

写真レンズなどのように，残存収差量がかなり多い光学系の性能評価には，幾何光学的な方法が有効で，その代表的なものがスポットダイヤグラムと OTF の計算である。図 3.26 に示したように，入射瞳平面を多数（数百から数千）の等面積の小区域に細分し，その各区域の中心に入射する光線が像平面と交わる点を plot したのがスポットダイヤグラム（図 3.27）[5] である。スポットダイヤグラムは物体平面上の1点に対応する像の強度分布，いわゆる**点像強度分布** (point spread function) を視覚的に表現したものである。

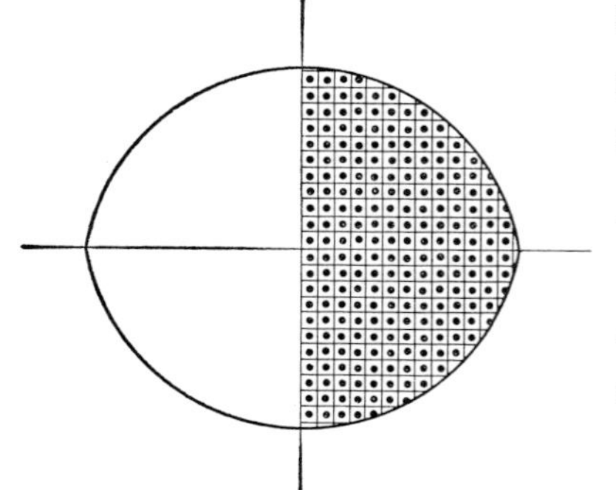

図 3.26　**spot diagram** のための光線の選定

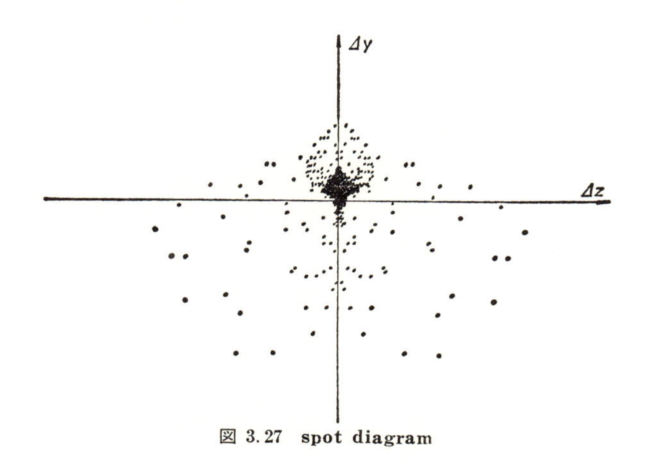

図 3.27 **spot diagram**

スポットダイヤグラムを求めるには，光学系を通して多数の光線を実際に追跡して求める方法と，横収差（$\Delta y, \Delta z$）を入射瞳座標の多項式の形で表わした補間公式を活用し，その係数の決定に少数の光線を追跡するだけで，個々の光線の横収差の計算を補間法によって行なう方法とがある。一般には前者が用いられている。この場合，あらかじめ光学系の各面の有効径を指定しておいて，光線がそれらの範囲外に出たら自動的に追跡を中止するようにプログラムしておくと，実際に光学系を通過する光線を適確に選別することができる。

スポットダイヤグラムの計算値から幾何光学的 OTF を求めることは簡単にできる。今，個々の光線 j に対応する像平面上の横収差を（$\Delta y_j, \Delta z_j$）とし，また，任意の**空間周波数**（spatial frequency）ν lines/mm に対する OTF として

R_S：球欠的な方向の OTF（絶対値）

R_M：子午的な方向の OTF（絶対値）

R_{MC}：子午的 OTF の cosine 成分

R_{MS}：子午的 OTF の sine 成分

なる表示法を用いることにすれば，これらの量は次式によって計算される[6]。

$$\left.\begin{aligned} R_S &= \frac{1}{n}\sum_j \cos(2\pi\nu\cdot\varDelta z_j) \\ R_M &= \sqrt{(R_{MC})^2+(R_{MS})^2} \\ R_{MC} &\equiv \frac{1}{n}\sum_j \cos(2\pi\nu\cdot\varDelta y_i) \\ R_{MS} &\equiv \frac{1}{n}\sum_j \sin(2\pi\nu\cdot\varDelta y_j) \end{aligned}\right\} \quad (3.53)$$

ここに n は結像に寄与する光線の総数である。

B.　その他の幾何光学的評価量

以上述べたもののほか，幾何光学的な評価量として，しばしば用いられるものを二，三あげておこう。まず，無限に細い slit の結像特性を表わすものとして，**線像強度分布**（line spread function）がある。これは図 3.28 に示すように，点像強度分布をある方向に積分（集計）したものに相当する。また，明暗の境界線の結像特性を表わすものとして，**edge 像強度分布**（edge spread function）があるが，これは線像強度分布を，ある位置から横方向に積分(集計)することによって得られるものである（図 3.29）。そのほか，時々用いられる評価量として，**encircled energy** がある。これは主光線の交点，あるいはスポットダイヤグラムの重心位置を中心にして画いた半径 r の円の内側に含まれる光量（スポットの数）によっ

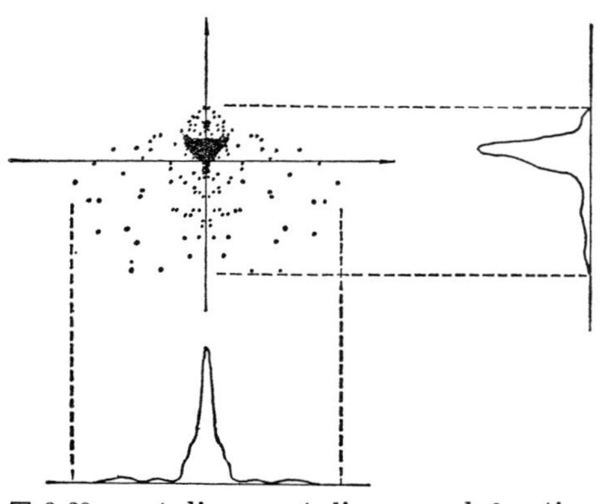

図 3.28　spot diagram と line spread function

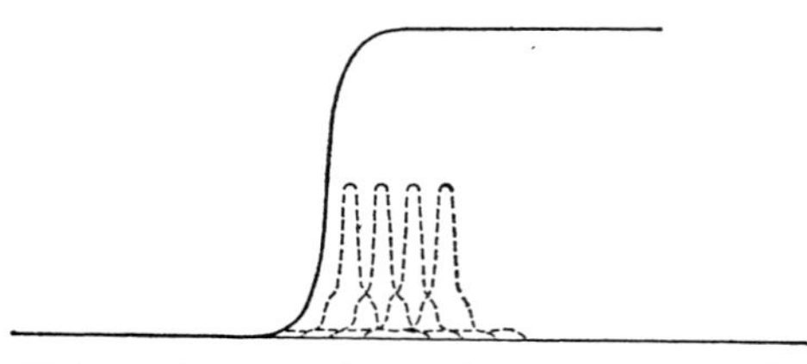

図 3.29　line spread function と edge spread function

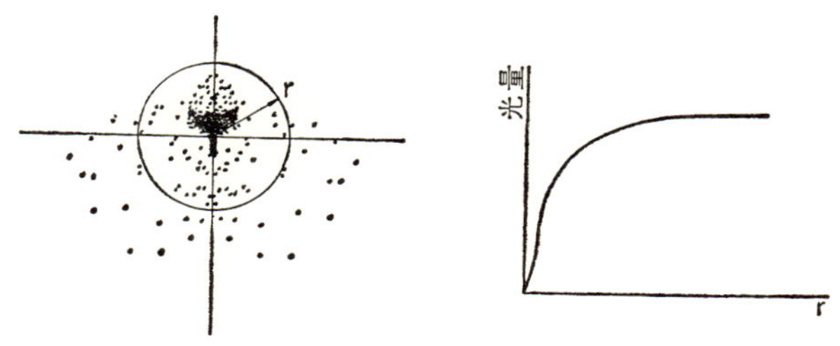

図 3.30 encircled energy

て結像特性を判定しようとするもので，図 3.30 に示すように，横軸に半径 r，縦軸に光量をとって表わす。

C. 波面収差の計算

光学系の収差が少なくなると幾何光学的な取り扱いでは不充分で，物理光学的な像の強度分布を求めたり，物理光学的な OTF を求めたりすることが必要になる。こうした物理光学的な評価量を求めるには，光学系の収差をいったん**波面収差**（wave aberration）の形に変換し，この波面収差を媒介にして評価量を計算するのである。波面収差とは，物体平面上の一つの物点から射出した波面が，光学系を通過したのち，像界で像点を中心にとって考えた仮想的な参照球面（この面は像点から見て等位相の位置にある）に対して持っている位相ズレのことである。

波面収差は，今までに述べた光線追跡にちょっとした手続きを付加することによって計算することができる。図 3.31 に示したように，物点および像点（像点としては，たとえば主光線が像平面と交わる点をとる）を中心にした参照球面 Σ と Σ' とをそれぞれ物界，像界にとり（物体が無限遠にある場合には，Σは入射光線に垂直な平面になる），各追跡光線に沿った，これら参照球面にはさまれる部分の**光路長**（optical path length）を計算する。そうすると，波面収差は各光線に沿った光路長から，基準光線（たとえば主光線）に沿った光路長を差し引くことによって求められる。

波面収差を瞳座標の関数の形で表現するには，収差論における展開式が用いられる。一般に一つの物点に対応する波面収差は，瞳の極座標（R, ϕ）のベキ

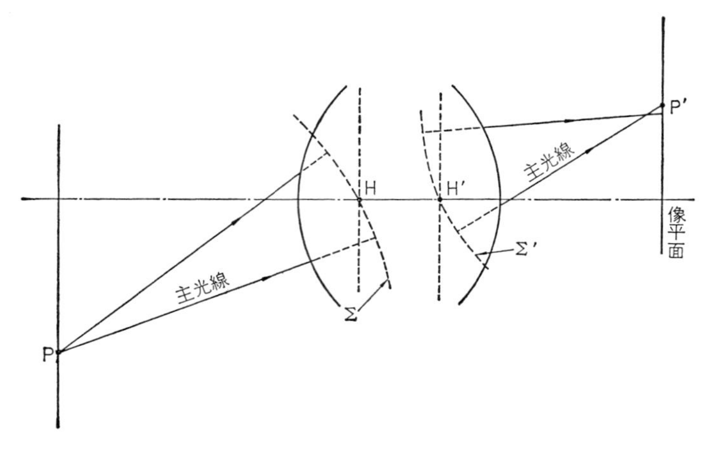

図 3.31　波面収差の計算

級数の形で表わされ，それを6次の項で打ち切った場合には，次のような形になる[7)]。

$$W(R,\phi)=W_{11}R\cos\phi+W_{20}R^2+W_{22}R^2\cos^2\phi+W_{31}R^3\cos\phi+W_{33}R^3\cos^3\phi+W_{40}R^4+W_{42}R^4\cos^2\phi+W_{51}R^5\cos\phi+W_{60}R^6 \qquad (3.54)$$

この右辺に含まれる9個の展開係数は，9本またはそれ以上のサンプル光線を追跡してそれぞれに対応する $W(R,\phi)$ の値を求め，連立方程式を解くか最小自乗法を適用するかして決めることができる。瞳の座標として，入射瞳座標をとるか射出瞳座標をとるか，あるいはそれ以外の座標をとるかは，これまで研究者によってまちまちであったが，できれば物体側主平面上に射影した入射瞳座標をとることを推奨したい。こうすれば，(3.54) 式の右辺に含まれる展開係数が，後述の収差論における収差係数と対応づけられる。

D.　物理光学的な強度分布と OTF

波面収差が求められると，これから物理光学的な強度分布と OTF とを計算することができる。ここでは，便宜上像点近傍の座標 (y, z) および瞳座標 (η, ζ) として，それぞれ次の約束に従った換算値を用いることにする。

$$\left.\begin{aligned} y &\equiv \frac{2\pi}{\lambda}\left(\frac{N_k'\tilde{R}}{\hat{g}_k'}\right)\Delta y, & z &\equiv \frac{2\pi}{\lambda}\left(\frac{N_k'\tilde{R}}{\hat{g}_k'}\right)\Delta z \\ \eta &\equiv \left(\frac{R}{\tilde{R}}\right)\cos\phi, & \zeta &\equiv \left(\frac{R}{\tilde{R}}\right)\sin\phi \end{aligned}\right\} \tag{3.55}$$

ただし，$(\Delta y, \Delta z)$ は主光線を基準にした像平面上の実際の座標，N_k' は像空間の屈折率，R は物体側主平面上で測った瞳半径で $\tilde{R}$ はその最大値，また $\hat{g}_k'$ は像側主平面からガウス像平面までの距離である。そうすると，まず像点の振幅分布 $a(y, z)$ が

$$\left.\begin{aligned} a(y, z) &= \frac{1}{S}\iint_{-\infty}^{\infty}\exp\left[i\left\{\frac{2\pi}{\lambda}W(\eta, \zeta) - (y\eta + z\zeta)\right\}\right]d\eta d\zeta \\ S &\equiv \iint_{\mathrm{A}} d\eta d\zeta \end{aligned}\right\} \tag{3.56}$$

により求められ，強度分布 $I(y, z)$ は，$a(y, z)$ の共役複素数を $a^*(y, z)$ とするとき

$$I(y, z) = a(y, z)a^*(y, z) \tag{3.57}$$

によって与えられる。(3.56) において，Aは瞳の区域を示し，S はその面積を表わす。また $W(\eta, \zeta)$ を指数部にもつ被積分関数はAの区域内でのみ値をもち，区域外では値が零になるものと仮定して取り扱う。

一方，z 軸と ψ なる角度をなす方向に周期構造をもつ空間周波数 ν lines/mm の正弦波チャートに対する物理光学的な OTF は，次のようにして求めることができる。まず，実際の空間周波数 ν の代わりに

$$s \equiv \left(\frac{\lambda\hat{g}_k'}{N_k'\tilde{R}}\right)\nu \tag{3.58}$$

によって定義される換算周波数を用いることにし，また同じ波面を角度 ψ の方向に相互に ±s/2 だけズラせた場合を想定し，その波面同志の差を表わす関数（これを波面収差の差関数という）を

$$V(\eta, \zeta; s, \psi) \equiv W\left(\eta + \frac{s}{2}\sin\psi,\ \zeta + \frac{s}{2}\cos\psi\right)$$

$$-W\left(\eta-\frac{s}{2}\sin\psi,\ \zeta-\frac{s}{2}\cos\psi\right) \qquad (3.59)$$

と定義すれば，物理光学的な OTF の絶対値* $R(s,\psi)$ はこの $V(\eta,\zeta;s,\psi)$ を媒介にして，次を数値計算することによって求めることができる。

$$\left.\begin{aligned}
R(s,\psi)&=\sqrt{\{R_C(s,\psi)\}^2+\{R_S(s,\psi)\}^2}\\
R_C(s,\psi)&\equiv\frac{1}{S}\iint_{A'}\cos\left\{\left(\frac{2\pi}{\lambda}\right)V(\eta,\zeta;s,\psi)\right\}d\eta d\zeta\\
R_S(s,\psi)&\equiv\frac{1}{S}\iint_{A'}\sin\left\{\left(\frac{2\pi}{\lambda}\right)V(\eta,\zeta;s,\psi)\right\}d\eta d\zeta
\end{aligned}\right\} \qquad (3.60)$$

ここに $R_C(s,\psi)$, $R_S(s,\psi)$ はそれぞれ $R(s,\psi)$ の cosine 成分と sine 成分 A′ は図 3.32 に示したように波面を相互にズラせた場合重なり合う部分，また S は (3.56) におけると同様，瞳の面積を表わす。この方法によると，OTF を波面収差から直接求めることができる訳であるが，OTF を求めるもう一つ

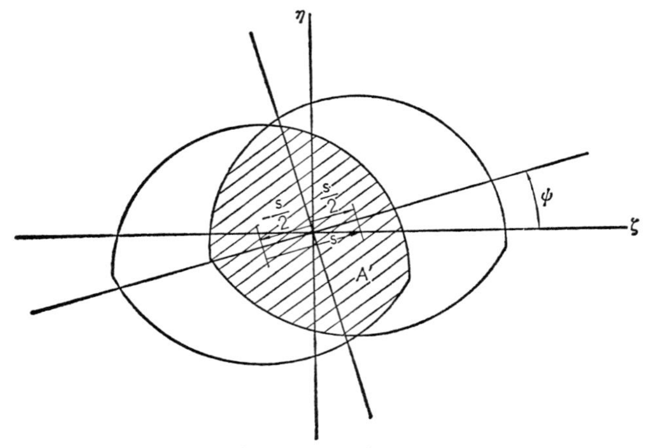

図 3.32　$V(\eta,\zeta;s,\psi)$ から $R(s,\psi)$ を求めるときの積分域

の方法として，強度分布 $I(y,z)$ のフーリエ変換，すなわち

$$R(s,\psi)=\iint_{-\infty}^{\infty}I(y,z)\exp\left[-i\{(s\sin\psi)y+(s\cos\psi)z\}\right]dydz \qquad (3.61)$$

* OTF の絶対値を Modulation Transfer Function，略して MTF ともいう。

によって求めることもできる。実は，(3.56) に示した $a(y,z)$ の計算も，波面収差 $W(\eta,\zeta)$ を位相項と考えた**瞳関数** (pupil function) と呼ばれる関数

$$f(\eta,\zeta)\equiv\exp\left\{i\left(\frac{2\pi}{\lambda}\right)W(\eta,\zeta)\right\} \tag{3.62}$$

のフーリエ変換にほかならない。以前はフーリエ変換の計算にばくだいな時間を必要としたため，強度分布 $I(y,z)$ は一般に計算されず，もっぱら第一の方法によって物理光学的な OTF が計算されるに過ぎなかったが，最近高速フーリエ変換法（略称 FFT）が開発され[8]，フーリエ変換の計算が比較的短時間で処理できるようになった関係で，物理光学的な強度分布と OTF とを同時に求めることも行なわれている。

第 4 章
収差論とその応用

4.1 収差論の役割

最近はコンピュータを自由に使用することができるので，光線追跡によって，光学系の性能を精密に調べることは容易になったが，精密な情報が得られることと内容をよく理解することとは，別の問題である。詳細な情報を含んだ部厚い資料をいきなり目の前に置かれたら，誰でも当惑するであろう。そして，その内容を簡潔に要約した index のようなものが欲しいと思うに違いない。詳細な情報というものは index が完備してはじめて生かせるからである。さらにまた，性能評価という静的な立場から一歩進んで，性能を改善するために，光学系をどう変形したら良いかを見つけるという動的な立場が光学設計では重要である。このような立場に立つ場合，もはや正確さはそれほど問題にならず，むしろ性能改善の手がかりをつかむことが何よりも重要になる。光学設計における収差論の価値は，一方で今述べたような意味で性能評価の index 的役割を果たすと同時に，性能改善の方針を立てる上で有力な手がかりになるところにある。収差論が，なぜこのような役割を果たし得るか，ここで簡単に理由を述べておこう。

光学系の収差は，一般に口径が大きくなるほど，また画面の周辺に行くほど（画角が大きくなるほど）悪化する。すなわち，収差は口径と画角の関数である。この関係は，厳密な意味で explicit には表わせないが，もし収差を口径と画角のベキ級数に展開して有限項で打ち切ることにすれば，近似ではあるけれども，explicit な表現が可能になる。これが収差論にほかならない訳で，このような取り扱いをすることによって次の効果が生まれる。

i ）問題が単純化され，比較的簡単な計算で収差全般についての大まかな傾向がつかめるから，設計の見通しが立て易い。

ii）ベキ級数に展開された個々の項が種類の異なる個々の収差に対応し，しかも，それらが口径と画角の explicit な関数の形になっているので，明確な収差概念が得られる。このことは光線追跡の結果を判断する上で役立つ。

iii）光学系全体の収差と個々の面の収差とが explicit な関係式で結ばれるので，個々の面の影響についての明確な判断が得られる。このことは性能改善の方針を立てるのに役立つ。

iv）精度を若干犠牲にした近似を行なえば，光学系の構造と収差との関係を explicit に表現することも可能であるから，光学系の構造と収差補正能力の限界との関係について，はっきりした見通しが立てられる。このことは，無駄な努力を未然に防ぐのに役立つ。

欠点よりも，長所に着目して，それを生かすようにするのが人使いのコツであるとよく言われるが，収差論の応用についても，まったく同じことが言える。上に述べた特長を充分に心得た使い方をすれば，収差論はその効力を発揮するであろう。以下，収差論の概要を，設計への応用に重点を置いて述べる。

4.2　理想結像と3次の収差展開式

図 4.1 (a) において，y 軸上の軸外物点 $P(y_1, 0)$ から出る任意の一つの光線が，k 個の面から成る光学系を通過した後，光軸に垂直な像平面と交わる点 P' の座標を (y_k', z_k') とする。2.4 (p. 17～20) で述べた理想結像の関係により決まる理想像点を $\bar{P}'(\bar{y}_k'=\beta y_1,\ \bar{z}_k'=\beta z_1\equiv 0)$ とすれば，$\Delta y\equiv y_k'-\bar{y}_k'$，$\Delta z\equiv z_k'-\bar{z}_k'\equiv z_k'$ がこの光線の横収差を表わす。ここで，$\Delta y, \Delta z$ を口径と画角の関数として表わすために，瞳座標 (R, ϕ) と半画角 ω を次のように定義する。まず瞳座標は図 4.1 (b) に示すように，光線が物体側主平面を切る点の

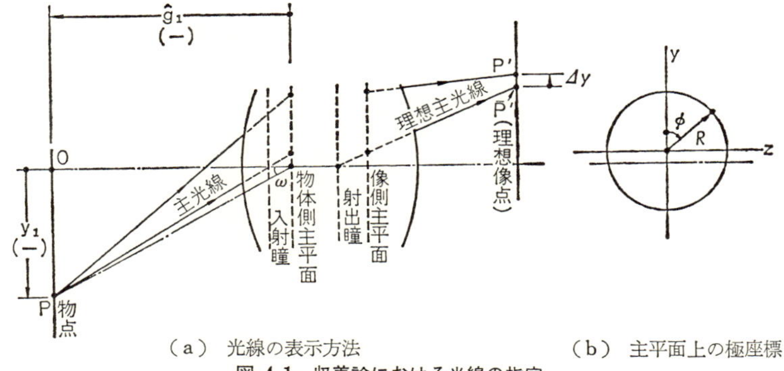

（a） 光線の表示方法　　（b） 主平面上の極座標

図 4.1 収差論における光線の指定

座標を，主光線の交点を原点として極座標 (R,ϕ) で表わす。また半画角 ω は，物体側主平面から物体平面までの距離を $\hat{g}_1$ とするとき，図 4.1 (a) に示すように，$\omega \equiv \tan^{-1}(y_1/\hat{g}_1)$ によって与えられるものとするのである。光学系が与えられているとき，特定の波長に対する横収差 $\Delta y, \Delta z$ は，これら $R, \phi, \tan\omega$ の関数である。この関数自体は explicit には表わせないが，それを R と $\tan\omega$ のベキ級数に展開して有限項で打ち切ることにすれば，explicit に表わせるはずで，実際に実行してみると，図 4.2 のような形になる。ここで，もし像平

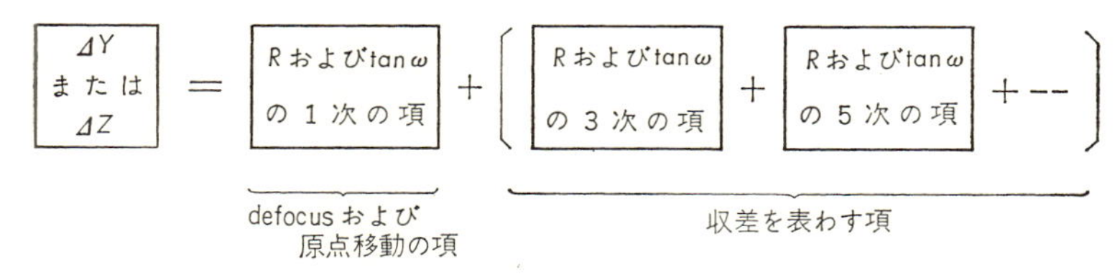

図 4.2 収差展開式の形

面を近軸像平面にとり，かつ理想像点を原点に選ぶことにすれば，右辺の1次の項は消失し，3次以上の収差項のみとなる。一般に，関数をある点の近傍で Taylor 展開するには，その点におけるその関数の情報（各次数の微係数の値）がわかっていれば良いことはよく知られている。収差論における収差のベキ級数展開の場合も同様の関係があって，特定の光線の横収差をベキ級数に展開した個々の項は，いずれもその光線に対応する理想結像の値から求めることがで

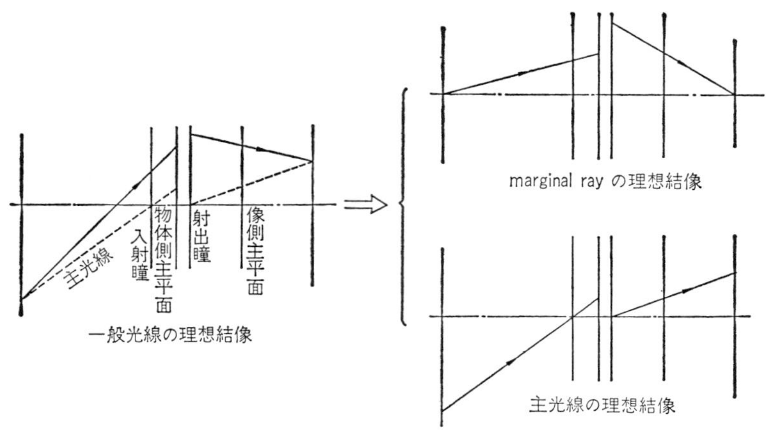

図 4.3　光線の理想結像の分解

きる。

図 4.3 に示すように，特定の光線の理想結像は，一般に marginal ray の理想結像と主光線の理想結像とに分解して考えた方が取り扱いが簡単になる。すなわち，横収差のベキ級数展開には，これら2種類の理想結像に対応する2本の近軸光線の追跡値を用いるのである。そのためには，図 4.4 (a), (b) に

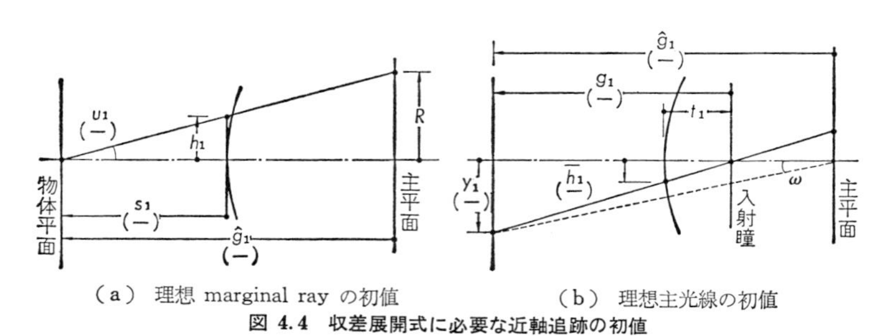

（a） 理想 marginal ray の初値　　（b） 理想主光線の初値

図 4.4　収差展開式に必要な近軸追跡の初値

示した関係から明らかなように，近軸追跡の初値として，それぞれ次の値を用いればよい（主光線に対応する近軸追跡量に対しては，区別するため上に bar を付けて表わすことにする)。

marginal ray に対応する近軸追跡の場合

$$\left.\begin{aligned} h_1 &= (s_1/\hat{g}_1)R \\ \alpha_1 &= N_1 u_1 = N_1(R/\hat{g}_1) \end{aligned}\right\}$$

主光線に対応する近軸追跡の場合

$$\left.\begin{aligned} \bar{h}_1 &= \bar{u}_1 t_1 = \bar{\alpha}_1(t_1/N_1) \\ \bar{\alpha}_1 &= N_1 \bar{u}_1 = -N_1(y_1/g_1) = -(\hat{g}_1/g_1)(N_1 \tan\omega) \end{aligned}\right\}$$

ところが，2.4（p.17～20）で述べたところから容易にわかるように，これらの近軸追跡を実行して得られる近軸量のうち $h_\nu, \alpha_\nu, \alpha_\nu'$（$\nu=1\sim k$）は R に比例し，一方 $\bar{h}_\nu, \bar{\alpha}_\nu, \bar{\alpha}_\nu'$（$\nu=1\sim k$）は（$N_1 \tan\omega$）に比例する。そこで，上記の初値を用いるよりは，むしろ R と $N_1 \tan\omega$ とを1に正規化した初値を用いて近軸追跡し，後でそれぞれの近軸量に適宜 R や $N_1 \tan\omega$ を乗じるようにした方が融通がきく。すなわち，2本の近軸追跡の初値を

$$\left.\begin{aligned} h_1 &= s_1/\hat{g}_1 \\ \alpha_1 &= N_1/\hat{g}_1 \\ \bar{h}_1 &= \bar{\alpha}_1(t_1/N_1) \\ \bar{\alpha}_1 &= -\hat{g}_1/g_1 \end{aligned}\right\} \qquad (4.1)$$

とするのである。これによって計算された近軸追跡値を用いて，特定の R, ϕ, $\tan\omega$ に対応する光線の横収差をベキ級数に展開すると，3次の項は次の形にまとめることができる。

$$\begin{aligned} \Delta y = -\frac{1}{2\alpha_k'}\{&\mathrm{I}R^3\cos\phi + \mathrm{II}(N_1\tan\omega)R^2(2+\cos 2\phi) \\ &+(2\mathrm{III}+\mathrm{IV})(N_1\tan\omega)^2R\cos\phi + \mathrm{V}(N_1\tan\omega)^3\} \\ \Delta z = -\frac{1}{2\alpha_k'}\{&\mathrm{I}R^3\sin\phi + \mathrm{II}(N_1\tan\omega)R^2\sin 2\phi \\ &+\mathrm{IV}(N_1\tan\omega)^2R\sin\phi\} \end{aligned} \qquad (4.2)$$

ここで，I, II, III, IV, V はそれぞれ球面収差，コマ，非点収差，球欠像面彎曲，歪曲を表わす収差係数と呼ばれるもので，いずれも（4.1）を初値とする近軸追跡値を用いて計算される量である。したがって，これらは $R, \phi, \tan\omega$ に無関係な定数で，特定の光学系については，物体面と入射瞳の位置を指定するこ

とによって一意的にきまる。

4.3　収差論の公式

実用面に重点を置く関係で，本書では収差展開式の具体的な誘導方法に触れることは避けて，実用上重要な収差論の公式だけをまとめて示すことにしよう。

A.　面形状の表示

ここで取り扱う光学系の個々の面の形状としては，光線追跡で用いた表現（3.1）とは若干異なる次の形式を用いる。

$$\tilde{x}_\nu=\frac{1}{2r_\nu}H_\nu{}^2+\frac{1}{8}\left(\frac{1}{r_\nu{}^3}+b_\nu\right)H_\nu{}^4+\frac{1}{16}\left(\frac{1}{r_\nu{}^5}+c_\nu\right)H_\nu{}^6 \tag{4.3a}$$

ここで r_ν は近軸曲率半径を表わし，b_ν と c_ν とは球面からの変形を与える非球面係数で，$b_\nu=c_\nu=0$ なる場合が球面に対応する。H_ν の6次以上の項は5次までの収差係数には関係しないので省略してある。（4.3a）に含まれる r_ν, b_ν, c_ν と（3.1）に含まれる量との関係は次のようになる。

$$\left.\begin{aligned}
&\frac{1}{r_\nu}=\frac{1}{\tilde{r}_\nu}+2A_\nu\\
&b_\nu=8B_\nu-2A_\nu\left(4A_\nu{}^2+3\frac{1}{r_\nu}\frac{1}{\tilde{r}_\nu}\right)\\
&c_\nu=16C_\nu-2A_\nu\left(16A_\nu{}^4+20A_\nu{}^2\frac{1}{r_\nu}\frac{1}{\tilde{r}_\nu}+5\frac{1}{r_\nu{}^2}\frac{1}{\tilde{r}_\nu{}^2}\right)
\end{aligned}\right\} \tag{4.3b}$$

B.　必要な近軸追跡

以下の公式で必要とする近軸量は，（4.1）を初値とし，（2.11）および（2.12）を用いて近軸追跡することによって得られる。ただし，（4.1）の特別な場合として，次のことに注意する必要がある。

$s_1=\infty$（このときは $t_1\neq\infty$）の場合

$$h_1=1,\ \alpha_1=0,\ \bar{h}_1=-(t_1/N_1),\ \bar{\alpha}_1=-1$$

$t_1=\infty$（このときは $s_1\neq\infty$）の場合

$$h_1=s_1/\hat{g}_1,\ \alpha_1=N_1/\hat{g}_1,\ \bar{h}_1=\hat{g}_1/N_1,\ \bar{\alpha}_1=0$$

C. 5次の収差展開式

(4.2) を5次の項まで拡張した展開式は，次のようになる。

$$\Delta y=-\frac{1}{2\alpha_k'}\Big[\,\mathrm{I}\,R^3\cos\phi+\mathrm{II}\,(N_1\tan\omega)R^2(2+\cos 2\phi)$$
$$+(2\mathrm{III}+\mathrm{IV})(N_1\tan\omega)^2R\cos\phi+\mathrm{V}\,(N_1\tan\omega)^3$$
$$+\frac{1}{4}\overset{*}{\mathrm{I}}\,R^5\cos\phi+\frac{1}{4}\{\overset{*}{\mathrm{II}}\,(3+2\cos 2\phi)+\overset{*}{\mathrm{II}}_Z\}$$
$$\times(N_1\tan\omega)R^4+\frac{1}{2}\{\widehat{\mathrm{I}}+\mathrm{I}_F(3+\cos 2\phi)+2\mathrm{I}_Z\}$$
$$\times(N_1\tan\omega)^2R^3\cos\phi+\frac{1}{2}\{\widehat{\mathrm{II}}\,(2+\cos 2\phi)$$
$$+\mathrm{II}_P(1+\cos 2\phi)+\mathrm{II}_Z\}(N_1\tan\omega)^3R^2$$
$$+\frac{1}{4}(4\widehat{\mathrm{III}}+\widehat{\mathrm{IV}})(N_1\tan\omega)^4R\cos\phi+\frac{1}{4}\widehat{\mathrm{V}}\,(N_1\tan\omega)^5\Big]$$

$$\Delta z=-\frac{1}{2\alpha_k'}\Big[\,\mathrm{I}\,R^3\sin\phi+\mathrm{II}\,(N_1\tan\omega)R^2\sin 2\phi$$
$$+\mathrm{IV}(N_1\tan\omega)^2R\sin\phi$$
$$+\frac{1}{4}\overset{*}{\mathrm{I}}\,R^5\sin\phi+\frac{1}{2}\overset{*}{\mathrm{II}}\,(N_1\tan\omega)R^4\sin 2\phi$$
$$+\frac{1}{2}\{\widehat{\mathrm{I}}+\mathrm{I}_F(1+\cos 2\phi)\}(N_1\tan\omega)^2R^3\sin\phi$$
$$+\frac{1}{2}\widehat{\mathrm{II}}\,(N_1\tan\omega)^3R^2\sin 2\phi+\frac{1}{4}\widehat{\mathrm{IV}}(N_1\tan\omega)^4R\sin\phi\Big] \tag{4.4}$$

この式に含まれる収差係数の名称は次のとおりである。

3次の収差係数

Ⅰ：球面収差

Ⅱ：コマ

Ⅲ：非点収差

Ⅳ：球欠像面彎曲

V：歪曲

5次の収差係数

$\overset{*}{\mathrm{I}}$ ：輪帯球面収差

$\overset{*}{\mathrm{II}}_Z$：輪帯コマの付加収差

$\overset{*}{\mathrm{II}}$ ：輪帯コマ

I_Z：球面収差の付加収差

I_F：羽根状収差

II_P：矢状収差

$\widehat{\mathrm{I}}$ ：周辺球面収差

II_Z：コマ付加収差

$\widehat{\mathrm{II}}$ ：周辺コマ

$\widehat{\mathrm{III}}$ ：周辺非点収差

$\widehat{\mathrm{IV}}$：周辺球欠像面彎曲

$\widehat{\mathrm{V}}$ ：周辺歪曲

（4.4）を見れば，これらの収差係数の掛る項が口径および画角の何乗に比例するかがわかる。個々の収差係数をこの観点から整理すると表4.1のようになる。

表 4.1　比例する口径と画角の次数による収差係数の分類

収差係数		口径の次数	画角の次数
3次	I	3	0
	II	2	1
	III，IV	1	2
	V	0	3
5次	$\overset{*}{\mathrm{I}}$	5	0
	$\overset{*}{\mathrm{II}}_Z$，$\overset{*}{\mathrm{II}}$	4	1
	I_F，I_Z，$\widehat{\mathrm{I}}$	3	2
	II_Z，II_P，$\widehat{\mathrm{II}}$	2	3
	$\widehat{\mathrm{III}}$，$\widehat{\mathrm{IV}}$	1	4
	$\widehat{\mathrm{V}}$	0	5

この表は，いろいろな角度から収差係数の性質を把えるのに役立つ。次にいくつかの例をあげる。

i ）口径の奇数次（画角の偶数次）に比例する収差係数は対称性の収差（広義の球面収差）に関係する。

ii）口径の偶数次（画角の奇数次）に比例する収差係数は非対称性の収差（広義のコマ収差）に関係する。

iii）画角に無関係な収差係数は球面収差に関係する。

iv）口径に無関係な収差係数は歪曲に関係する。

v ）画角の１乗に比例する収差係数は正弦条件に関係する。

vi）口径の１乗に比例する収差係数は像面収差（非点収差，像面彎曲など）に関係する。

ここで，以後の説明の都合上“瞳の収差”および“瞳の収差係数”について解説しておく。光学系に入射する特定の光線は，物体平面および入射瞳平面を通過するときの通過点の座標により指定される。いままでは，この光線が，像側の（物体平面に共役な）像平面上で，理想結像点からどれだけズレた所を通過するかに着目し，これを物体結像の収差（以後，簡単に物体の収差と呼ぶ）として定義した訳であるが，これとまったく同様に，像側の（入射瞳平面に共役な）射出瞳平面上で，光線が（入射瞳上の入射点に対応する）瞳の理想結像点からどれだけズレた所を通過するかに着目すれば，瞳結像の収差（以後，簡単に瞳の収差と呼ぶ）を定義することができる。この関係を図示したのが図

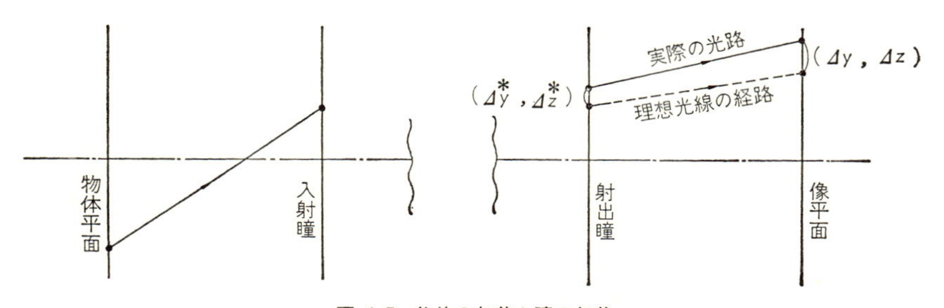

図 4.5　物体の収差と瞳の収差

4.5 であって，実線が実際の光線経路，点線が理想光線の経路を示している。いま，物体の収差 $(\Delta y, \Delta z)$ に対応して，瞳の収差を $(\Delta\overset{*}{y}, \Delta\overset{*}{z})$ で表わすことにすれば，$\Delta\overset{*}{y}$ と $\Delta\overset{*}{z}$ とに対して (4.4) に類似した展開式を導くことができる。そして，この展開式には，すでに示した物体結像の収差係数（以後，簡単に物体の収差係数と呼ぶ）に類似した係数が含まれているので，これらを瞳の収差係数と呼ぶ。瞳の収差係数と物体の収差係数との間には一対一の対応関係が存在するので，たとえば球面収差に対応するものを“瞳の”球面収差，コマに対するものを“瞳の”コマなどと呼ぶ。そして，これら瞳の収差係数を表わすのには，右上に suffix s を付し，$\mathrm{I}^s, \mathrm{II}^s, \cdots\cdots; \overset{*}{\mathrm{I}}{}^s, \overset{*}{\mathrm{II}}{}^s, \cdots\cdots, \widehat{\mathrm{V}}^s$ と書くことにする。

われわれが直接考察の対象とするのは，もちろん物体の収差であって瞳の収差ではないが，5次の物体収差係数を計算する場合や物体位置の移動に伴う収差係数の変動を考察するような場合には，その公式中に瞳の収差係数がはいってくる。本書では，不必要な記述を極力避けたいので，ここで瞳の収差展開式を示すことは省略し，瞳の収差係数に関する公式のうち，必要と思われるものだけを以下に示すことにしたい。

D.　収差係数の計算公式

光学系の収差係数の値は，その光学系を構成する個々の面の収差係数の代数和の形で与えられる。すなわち，$\mathrm{I}=\sum_{\nu=1}^{k}\mathrm{I}_\nu$，$\mathrm{II}=\sum_{\nu=1}^{k}\mathrm{II}_\nu, \cdots\cdots$; $\overset{*}{\mathrm{I}}=\sum_{\nu=1}^{k}\overset{*}{\mathrm{I}}_\nu$, $\overset{*}{\mathrm{II}}_Z=\sum_{\nu=1}^{k}\overset{*}{\mathrm{II}}_{Z\nu}, \cdots\cdots, \widehat{\mathrm{V}}=\sum_{\nu=1}^{k}\widehat{\mathrm{V}}_\nu$ などである。そこで，光学系の中の任意の1個の面 ν の収差係数の値が計算できれば良い。(4.1) を初値とする2本の近軸光線が，光学系を通してすでに追跡されているとき，第 ν 面の収差係数は次のようにして計算される。

i) 補助量の計算

$$h_\nu Q_\nu \equiv h_\nu N_\nu\left(\frac{1}{r_\nu}-\frac{1}{s_\nu}\right)=h_\nu\frac{N_\nu}{r_\nu}-\alpha_\nu$$

$$\bar{h}_\nu \bar{Q}_\nu \equiv \bar{h}_\nu N_\nu\left(\frac{1}{r_\nu}-\frac{1}{t_\nu}\right)=\bar{h}_\nu\frac{N_\nu}{r_\nu}-\bar{\alpha}_\nu$$

$$
\left.
\begin{aligned}
&h_\nu\Delta_\nu\left(\frac{1}{Ns}\right)\equiv h_\nu\left(\frac{1}{N_\nu' s_\nu'}-\frac{1}{N_\nu s_\nu}\right)=\frac{\alpha_\nu'}{N_\nu'^2}-\frac{\alpha_\nu}{N_\nu^2}\\
&\bar{h}_\nu\Delta_\nu\left(\frac{1}{Nt}\right)\equiv \bar{h}_\nu\left(\frac{1}{N_\nu' t_\nu'}-\frac{1}{N_\nu t_\nu}\right)=\frac{\bar{\alpha}_\nu'}{N_\nu'^2}-\frac{\bar{\alpha}_\nu}{N_\nu^2}\\
&P_\nu\equiv-\left(\frac{1}{N_\nu'}-\frac{1}{N_\nu}\right)\frac{1}{r_\nu}=\frac{\varphi_\nu}{N_\nu N_\nu'}\\
&\psi_\nu\equiv(N_\nu'-N_\nu)b_\nu\\
&\Omega_\nu\equiv3(N_\nu'-N_\nu)c_\nu
\end{aligned}
\right\}\quad(4.5)
$$

ii）3次収差係数の計算（一般形）

$$
\left.
\begin{aligned}
&\mathrm{I}_\nu=h_\nu^4\left\{Q_\nu^2\Delta_\nu\left(\frac{1}{Ns}\right)+\psi_\nu\right\}\\
&\mathrm{II}_\nu=h_\nu^3\bar{h}_\nu\left\{Q_\nu\bar{Q}_\nu\Delta_\nu\left(\frac{1}{Ns}\right)+\psi_\nu\right\}\\
&\mathrm{III}_\nu=h_\nu^2\bar{h}_\nu^2\left\{\bar{Q}_\nu^2\Delta_\nu\left(\frac{1}{Ns}\right)+\psi_\nu\right\}\\
&\mathrm{IV}_\nu=\mathrm{III}_\nu+P_\nu\\
&\mathrm{V}_\nu=h_\nu\bar{h}_\nu^3\left\{\bar{Q}_\nu^2\Delta_\nu\left(\frac{1}{Ns}\right)+\psi_\nu\right\}+\bar{h}_\nu^2\bar{Q}_\nu\Delta_\nu\left(\frac{1}{Nt}\right)
\end{aligned}
\right\}\quad(4.6\mathrm{a})
$$

$$
\left.
\begin{aligned}
&\mathrm{I}_\nu^s=\bar{h}_\nu^4\left\{\bar{Q}_\nu^2\Delta_\nu\left(\frac{1}{Nt}\right)+\psi_\nu\right\}\\
&\mathrm{II}_\nu^s=h_\nu\bar{h}_\nu^3\left\{Q_\nu\bar{Q}_\nu\Delta_\nu\left(\frac{1}{Nt}\right)+\psi_\nu\right\}\\
&\mathrm{III}_\nu^s=h_\nu^2\bar{h}_\nu^2\left\{Q_\nu^2\Delta_\nu\left(\frac{1}{Nt}\right)+\psi_\nu\right\}\\
&\mathrm{IV}_\nu^s=\mathrm{III}_\nu^s+P_\nu\\
&\mathrm{V}_\nu^s=h_\nu^3\bar{h}_\nu\left\{Q_\nu^2\Delta_\nu\left(\frac{1}{Nt}\right)+\psi_\nu\right\}-h_\nu^2Q_\nu\Delta_\nu\left(\frac{1}{Ns}\right)
\end{aligned}
\right\}\quad(4.6\mathrm{b})
$$

iii）3次収差係数の計算（球面の場合）

ν 面が球面で，かつ $h_\nu Q_\nu \neq 0$ の場合には，（4.6a）は次のように簡単になる。

$$
\left.
\begin{aligned}
&J_\nu \equiv (\bar{h}_\nu \bar{Q}_\nu)/(h_\nu Q_\nu) \\
&\mathrm{I}_\nu = h_\nu{}^4 Q_\nu{}^2 \varDelta_\nu\left(\frac{1}{Ns}\right) \\
&\mathrm{II}_\nu = J_\nu \mathrm{I}_\nu \\
&\mathrm{III}_\nu = J_\nu \mathrm{II}_\nu \\
&\mathrm{IV}_\nu = \mathrm{III}_\nu + P_\nu \\
&\mathrm{V}_\nu = J_\nu \mathrm{IV}_\nu
\end{aligned}
\right\} \qquad (4.7\mathrm{a})
$$

また同じく ν 面が球面で $\bar{h}_\nu \bar{Q}_\nu \neq 0$ の場合，(4.6b) は次のように簡単になる。

$$
\left.
\begin{aligned}
&J_\nu \equiv (h_\nu Q_\nu)/(\bar{h}_\nu \bar{Q}_\nu) \\
&\mathrm{I}_\nu{}^s = \bar{h}_\nu{}^4 \bar{Q}_\nu{}^2 \varDelta_\nu\left(\frac{1}{Nt}\right) \\
&\mathrm{II}_\nu{}^s = \hat{J}_\nu \mathrm{I}_\nu{}^s \\
&\mathrm{III}_\nu{}^s = \hat{J}_\nu \mathrm{II}_\nu{}^s \\
&\mathrm{IV}_\nu{}^s = \mathrm{III}_\nu{}^s + P_\nu \\
&\mathrm{V}_\nu{}^s = \hat{J}_\nu \mathrm{IV}_\nu{}^s
\end{aligned}
\right\} \qquad (4.7\mathrm{b})
$$

iv）5次収差係数の計算

5次の物体の収差係数を計算するには，次に示す(4.8a)，(4.8b)，(4.8c) により面固有の項を計算したのち，(4.9) により，先行する面による3次収差の cross term を加えて最終的な係数の値を求める。(4.8b)，(4.8c) の計算は，面が非球面の場合に限り必要である。

$$(\overset{*}{\mathrm{I}})_\nu{}^r = 3h_\nu{}^2 \mathrm{I}_\nu \left\{\frac{1}{r_\nu}\left(\frac{1}{r_\nu} - \frac{2}{s_\nu}\right) - Q_\nu \varDelta_\nu\left(\frac{1}{Ns}\right)\right\}$$

$$(\overset{*}{\mathrm{II}}z)_\nu{}^r = h_\nu{}^4 Q_\nu \frac{1}{r_\nu} \varDelta_\nu\left(\frac{1}{Ns}\right)\left\{\frac{1}{s_\nu'} - \frac{3}{s_\nu}\right\}$$

$$(\overset{*}{\mathrm{II}})_\nu{}^r = 3h_\nu{}^2 \mathrm{II}_\nu \left\{\frac{1}{r_\nu}\left(\frac{1}{r_\nu} - \frac{2}{s_\nu}\right) - Q_\nu \varDelta_\nu\left(\frac{1}{Ns}\right)\right\} - (\overset{*}{\mathrm{II}}z)_\nu{}^r$$

$$(\mathrm{I}\,z)_\nu{}^r = h_\nu{}^3 \bar{h}_\nu \bar{Q}_\nu \frac{1}{r_\nu} \varDelta_\nu\left(\frac{1}{Ns}\right)\left\{\frac{1}{s_\nu'} - \frac{3}{s_\nu}\right\} + \frac{h_\nu{}^2}{r_\nu{}^2} \varDelta_\nu\left(\frac{1}{Ns}\right)$$

$$(\mathrm{I}_F)_\nu{}^r=3h_\nu{}^2\mathrm{III}_\nu\left\{\frac{1}{r_\nu}\left(\frac{1}{r_\nu}-\frac{2}{s_\nu}\right)-Q_\nu\varDelta_\nu\left(\frac{1}{Ns}\right)\right\}$$

$$-h_\nu{}^3\bar{h}_\nu\bar{Q}_\nu\frac{1}{r_\nu}\varDelta_\nu\left(\frac{1}{Ns}\right)\left\{\frac{1}{s_\nu{}'}-\frac{3}{s_\nu}\right\}-(\mathrm{I}_Z)_\nu{}^r$$

$$(\hat{\mathrm{I}})_\nu{}^r=(\mathrm{I}_F)_\nu{}^r+h_\nu{}^2Q_\nu\frac{1}{r_\nu}\left\{\frac{1}{N_\nu{}'}\varDelta_\nu\left(\frac{1}{Ns}\right)+\frac{1}{N_\nu}P_\nu\right\}$$

$$(\hat{\mathrm{V}})_\nu{}^r=3h_\nu\bar{h}_\nu\mathrm{I}_\nu{}^s\left\{\frac{1}{r_\nu}\left(\frac{1}{r_\nu}-\frac{2}{t_\nu}\right)-\bar{Q}_\nu\varDelta_\nu\left(\frac{1}{Nt}\right)\right\}$$

$$-2\bar{h}_\nu{}^4\bar{Q}_\nu{}^2\frac{1}{r_\nu}\left\{\frac{1}{N'_\nu}\varDelta_\nu\left(\frac{1}{Nt}\right)+\frac{1}{N_\nu}P_\nu\right\}$$

$$-\bar{h}_\nu{}^4\bar{Q}_\nu P_\nu\left\{2\bar{Q}_\nu P_\nu-\frac{1}{r_\nu{}^2}\right\}$$

$$(\hat{\mathrm{IV}})_\nu{}^r=3h_\nu\bar{h}_\nu\mathrm{II}_\nu{}^s\left\{\frac{1}{r_\nu}\left(\frac{1}{r_\nu}-\frac{2}{t_\nu}\right)-\bar{Q}_\nu\varDelta_\nu\left(\frac{1}{Nt}\right)\right\}$$

$$-2h_\nu\bar{h}_\nu{}^3Q_\nu\bar{Q}_\nu\frac{1}{r_\nu}\left\{\frac{1}{N_\nu{}'}\varDelta_\nu\left(\frac{1}{Nt}\right)+\frac{1}{N_\nu}P_\nu\right\}$$

$$-h_\nu\bar{h}_\nu{}^3Q_\nu P_\nu\left\{2\bar{Q}_\nu P_\nu-\frac{1}{r_\nu{}^2}\right\}$$

$$(\hat{\mathrm{III}})_\nu{}^r=(\hat{\mathrm{IV}})_\nu{}^r+h_\nu\bar{h}_\nu{}^3\bar{Q}_\nu\frac{1}{r_\nu}\varDelta_\nu\left(\frac{1}{Nt}\right)\left\{\frac{1}{t_\nu{}'}-\frac{3}{t_\nu}\right\}$$

$$-\bar{h}_\nu{}^2\bar{Q}_\nu\frac{1}{r_\nu}\left\{\frac{1}{N_\nu{}'}\varDelta_\nu\left(\frac{1}{Nt}\right)+\frac{1}{N_\nu}P_\nu\right\}-\bar{h}_\nu{}^2P_\nu\left\{2\bar{Q}_\nu P_\nu-\frac{1}{r_\nu{}^2}\right\}$$

$$(\hat{\mathrm{II}})_\nu{}^r=3h_\nu\bar{h}_\nu\mathrm{III}_\nu{}^s\left\{\frac{1}{r_\nu}\left(\frac{1}{r_\nu}-\frac{2}{t_\nu}\right)-\bar{Q}_\nu\varDelta_\nu\left(\frac{1}{Nt}\right)\right\}$$

$$+h_\nu{}^2\bar{h}_\nu{}^2Q_\nu\frac{1}{r_\nu}\varDelta_\nu\left(\frac{1}{Nt}\right)\left\{\frac{1}{t_\nu{}'}-\frac{3}{t_\nu}\right\}$$

$$-h_\nu{}^2\bar{h}_\nu{}^2Q_\nu\frac{1}{r_\nu}(Q_\nu+\bar{Q}_\nu)\left\{\frac{1}{N'_\nu}\varDelta_\nu\left(\frac{1}{Nt}\right)+\frac{1}{N_\nu}P_\nu\right\}$$

$$-h_\nu{}^2\bar{h}_\nu{}^2Q_\nu P_\nu\left\{2\bar{Q}_\nu P_\nu-\frac{1}{r_\nu{}^2}\right\}$$

$$(\mathrm{II}_P)_\nu{}^r=(\hat{\mathrm{II}})_\nu{}^r+h_\nu{}^2\bar{h}_\nu{}^2Q_\nu\frac{1}{r_\nu}\varDelta_\nu\left(\frac{1}{Nt}\right)\left\{\frac{1}{t_\nu{}'}-\frac{3}{t_\nu}\right\}$$

$$-h_\nu \bar{h}_\nu Q_\nu \frac{1}{r_\nu}\left\{\frac{1}{N_\nu'}\Delta_\nu\left(\frac{1}{Nt}\right)+\frac{1}{N_\nu}P_\nu\right\}-h_\nu \bar{h}_\nu \frac{1}{r_\nu}P_\nu\left\{\frac{1}{t_\nu'}-\frac{3}{t_\nu}\right\}$$

$$(\mathrm{II}_Z)_\nu{}^r=h_\nu{}^2\bar{h}_\nu{}^2 Q_\nu \frac{1}{r_\nu}\Delta_\nu\left(\frac{1}{Nt}\right)\left\{\frac{1}{t_\nu'}-\frac{3}{t_\nu}\right\}-h_\nu \bar{h}_\nu \frac{1}{r_\nu}P_\nu\left\{\frac{1}{t_\nu'}-\frac{3}{t_\nu}\right\}+P_\nu{}^2 \tag{4.8a}$$

$$(\overset{*}{\mathrm{I}})_\nu{}^b=\left\{\frac{3}{N_\nu'}\left(\frac{2}{N_\nu'}+\frac{1}{N_\nu}\right)h_\nu{}^2Q_\nu{}^2+6h_\nu{}^2Q_\nu P_\nu-9\frac{h_\nu{}^2}{r_\nu{}^2}\right\}h_\nu{}^4\psi_\nu$$

$$(\overset{*}{\mathrm{II}}_Z)_\nu{}^b=\left\{\frac{2}{N_\nu'^2}h_\nu Q_\nu+h_\nu P_\nu-\frac{2}{N_\nu'}\frac{h_\nu}{r_\nu}\right\}h_\nu{}^3\psi_\nu$$

$$(\overset{*}{\mathrm{II}})_\nu{}^b=\left[\left\{\frac{3}{N_\nu'}\left(\frac{2}{N_\nu'}+\frac{1}{N_\nu}\right)h_\nu{}^2Q_\nu{}^2+6h_\nu{}^2Q_\nu P_\nu-9\frac{h_\nu{}^2}{r_\nu{}^2}\right\}h_\nu{}^3\bar{h}_\nu\right.$$
$$\left.+\left\{\frac{1}{N_\nu'}\left(\frac{2}{N_\nu'}+\frac{1}{N_\nu}\right)h_\nu Q_\nu+h_\nu P_\nu\right\}h_\nu{}^3\right]\psi_\nu$$

$$(\mathrm{I}_Z)_\nu{}^b=\left[\left\{\frac{2}{N_\nu'^2}h_\nu Q_\nu+h_\nu P_\nu-\frac{2}{N_\nu'}\frac{h_\nu}{r_\nu}\right\}h_\nu{}^2\bar{h}_\nu+\frac{1}{N_\nu'^2}h_\nu{}^2\right]\psi_\nu$$

$$(\mathrm{I}_F)_\nu{}^b=\left[\left\{\frac{3}{N_\nu'}\left(\frac{2}{N_\nu'}+\frac{1}{N_\nu}\right)h_\nu{}^2Q_\nu{}^2+6h_\nu{}^2Q_\nu P_\nu-9\frac{h_\nu{}^2}{r_\nu{}^2}\right\}h_\nu{}^2\bar{h}_\nu{}^2\right.$$
$$\left.+2\left\{\frac{1}{N_\nu'}\left(\frac{2}{N_\nu'}+\frac{1}{N_\nu}\right)h_\nu Q_\nu+h_\nu P_\nu\right\}h_\nu{}^2\bar{h}_\nu\right]\psi_\nu$$

$$(\hat{\mathrm{I}})_\nu{}^b=\left[\left\{\frac{3}{N_\nu'}\left(\frac{2}{N_\nu'}+\frac{1}{N_\nu}\right)h_\nu{}^2Q_\nu{}^2+6h_\nu{}^2Q_\nu P_\nu-9\frac{h_\nu{}^2}{r_\nu{}^2}\right\}h_\nu{}^2\bar{h}_\nu{}^2\right.$$
$$+2\left\{\frac{1}{N_\nu'}\left(\frac{2}{N_\nu'}+\frac{1}{N_\nu}\right)h_\nu Q_\nu+h_\nu P_\nu\right\}h_\nu{}^2\bar{h}_\nu$$
$$\left.+\frac{1}{N_\nu'}\left(\frac{1}{N_\nu'}+\frac{1}{N_\nu}\right)h_\nu{}^2\right]\psi_\nu$$

$$(\hat{\mathrm{V}})_\nu{}^b=\left[\left\{\frac{3}{N_\nu'}\left(\frac{2}{N_\nu'}+\frac{1}{N_\nu}\right)\bar{h}_\nu{}^2\bar{Q}_\nu{}^2+6\bar{h}_\nu{}^2\bar{Q}_\nu P_\nu-9\frac{\bar{h}_\nu{}^2}{r_\nu{}^2}\right\}h_\nu\bar{h}_\nu{}^3\right.$$
$$\left.+\left\{-\frac{1}{N_\nu'N_\nu}\bar{h}_\nu\bar{Q}_\nu-\frac{2}{N_\nu'}\frac{\bar{h}_\nu}{r_\nu}\right\}\bar{h}_\nu{}^3\right]\psi_\nu$$

$$(\hat{\mathrm{IV}})_\nu{}^b=\left[\left\{\frac{3}{N_\nu'}\left(\frac{2}{N_\nu'}+\frac{1}{N_\nu}\right)\bar{h}_\nu{}^2\bar{Q}_\nu{}^2+6\bar{h}_\nu{}^2\bar{Q}_\nu P_\nu-9\frac{\bar{h}_\nu{}^2}{r_\nu{}^2}\right\}h_\nu{}^2\bar{h}_\nu{}^2\right.$$
$$\left.-2\left\{\frac{1}{N_\nu'}\left(\frac{2}{N_\nu'}+\frac{1}{N_\nu}\right)\bar{h}_\nu\bar{Q}_\nu+\bar{h}_\nu P_\nu\right\}h_\nu\bar{h}_\nu{}^2+\frac{1}{N_\nu'N_\nu}\bar{h}_\nu{}^2\right]\psi_\nu$$

$$(\widehat{\mathrm{III}})_\nu{}^b=\Bigg[\left\{\frac{3}{N_\nu'}\left(\frac{2}{N_\nu'}+\frac{1}{N_\nu}\right)\bar{h}_\nu{}^2\bar{Q}_\nu{}^2+6\bar{h}_\nu{}^2\bar{Q}_\nu P_\nu-9\frac{\bar{h}_\nu{}^2}{r_\nu{}^2}\right\}h_\nu{}^2\bar{h}_\nu{}^2$$

$$-\left\{\frac{1}{N_\nu'}\left(\frac{2}{N_\nu'}+\frac{1}{N_\nu}\right)\bar{h}_\nu\bar{Q}_\nu+\bar{h}_\nu P_\nu\right\}h_\nu\bar{h}_\nu{}^2$$

$$+\left\{-\frac{1}{N_\nu'N_\nu}\bar{h}_\nu\bar{Q}_\nu-\frac{2}{N_\nu'}\frac{\bar{h}_\nu}{r_\nu}\right\}h_\nu\bar{h}_\nu{}^2\Bigg]\psi_\nu$$

$$(\widehat{\mathrm{II}})_\nu{}^b=\Bigg[\left\{\frac{3}{N_\nu'}\left(\frac{2}{N_\nu'}+\frac{1}{N_\nu}\right)\bar{h}_\nu{}^2\bar{Q}_\nu{}^2+6\bar{h}_\nu{}^2\bar{Q}_\nu P_\nu-9\frac{\bar{h}_\nu{}^2}{r_\nu{}^2}\right\}h_\nu{}^3\bar{h}_\nu$$

$$-3\left\{\frac{1}{N_\nu'}\left(\frac{2}{N_\nu'}+\frac{1}{N_\nu}\right)\bar{h}_\nu\bar{Q}_\nu+\bar{h}_\nu P_\nu\right\}h_\nu{}^2\bar{h}_\nu$$

$$+\frac{1}{N_\nu'}\left(\frac{1}{N_\nu'}+\frac{1}{N_\nu}\right)h_\nu\bar{h}_\nu\Bigg]\psi_\nu$$

$$(\mathrm{II}_P)_\nu{}^b=\Bigg[\left\{\frac{3}{N_\nu'}\left(\frac{2}{N_\nu'}+\frac{1}{N_\nu}\right)\bar{h}_\nu{}^2\bar{Q}_\nu{}^2+6\bar{h}_\nu{}^2\bar{Q}_\nu P_\nu-9\frac{\bar{h}_\nu{}^2}{r_\nu{}^2}\right\}h_\nu{}^3\bar{h}_\nu$$

$$-2\left\{\frac{1}{N_\nu'}\left(\frac{2}{N_\nu'}+\frac{1}{N_\nu}\right)\bar{h}_\nu\bar{Q}_\nu+\bar{h}_\nu P_\nu\right\}h_\nu{}^2\bar{h}_\nu$$

$$+\left\{-\frac{1}{N_\nu'N_\nu}\bar{h}_\nu\bar{Q}_\nu-\frac{2}{N_\nu'}\frac{\bar{h}_\nu}{r_\nu}\right\}h_\nu{}^2\bar{h}_\nu\Bigg]\psi_\nu$$

$$(\mathrm{II}_Z)_\nu{}^b=\left\{\frac{2}{N_\nu'^2}\bar{h}_\nu\bar{Q}_\nu+\bar{h}_\nu P_\nu-\frac{2}{N_\nu'}\frac{\bar{h}_\nu}{r_\nu}\right\}h_\nu{}^2\bar{h}_\nu\psi_\nu \qquad (4.8\mathrm{b})$$

$$\left.\begin{array}{ll}
(\overset{*}{\mathrm{I}})_\nu{}^c=h_\nu{}^6\Omega_\nu & (\widehat{\mathrm{I}})_\nu{}^c=h_\nu{}^4\bar{h}_\nu{}^2\Omega_\nu \\
(\overset{*}{\mathrm{II}}_Z)_\nu{}^c=0 & (\mathrm{II}_Z)_\nu{}^c=0 \\
(\overset{*}{\mathrm{II}})_\nu{}^c=h_\nu{}^5\bar{h}_\nu\Omega_\nu & (\widehat{\mathrm{II}})_\nu{}^c=h_\nu{}^3\bar{h}_\nu{}^3\Omega_\nu \\
(\mathrm{I}_Z)_\nu{}^c=0 & (\widehat{\mathrm{III}})_\nu{}^c=h_\nu{}^2\bar{h}_\nu{}^4\Omega_\nu \\
(\mathrm{I}_F)_\nu{}^c=h_\nu{}^4\bar{h}_\nu{}^2\Omega_\nu & (\widehat{\mathrm{IV}})_\nu{}^c=h_\nu{}^2\bar{h}_\nu{}^4\Omega_\nu \\
(\mathrm{II}_P)_\nu{}^c=h_\nu{}^3\bar{h}_\nu{}^3\Omega_\nu & (\widehat{\mathrm{V}})_\nu{}^c=h_\nu\bar{h}_\nu{}^5\Omega_\nu
\end{array}\right\} \qquad (4.8\mathrm{c})$$

$$\overset{*}{\mathrm{I}}_\nu=(\overset{*}{\mathrm{I}})_\nu+6\mathrm{I}_\nu\sum_{\lambda=1}^{\nu-1}\mathrm{V}_\lambda{}^s-6\mathrm{II}_\nu\sum_{\lambda=1}^{\nu-1}\mathrm{I}_\lambda$$

$$\overset{*}{\mathrm{II}}_{Z\nu}=(\overset{*}{\mathrm{II}}_Z)_\nu-\mathrm{I}_\nu\sum_{\lambda=1}^{\nu-1}(2\mathrm{III}_\lambda{}^s-P_\lambda)$$

$$+2\mathrm{II}_\nu\sum_{\lambda=1}^{\nu-1}(\mathrm{V}_\lambda{}^s+\mathrm{II}_\lambda)-(2\mathrm{III}_\nu-P_\nu)\sum_{\lambda=1}^{\nu-1}\mathrm{I}_\lambda$$

$$
\begin{aligned}
\overset{*}{\mathrm{II}}_\nu=&(\overset{*}{\mathrm{II}})_\nu+\mathrm{I}_\nu\sum_{\lambda=1}^{\nu-1}(4\mathrm{III}_\lambda{}^s+P_\lambda)\\
&+2\mathrm{II}_\nu\sum_{\lambda=1}^{\nu-1}(\mathrm{V}_\lambda{}^s-2\mathrm{II}_\lambda)-(2\mathrm{III}_\nu+P_\nu)\sum_{\lambda=1}^{\nu-1}\mathrm{I}_\lambda
\end{aligned}
$$

$$
\begin{aligned}
\mathrm{I}_{Z\nu}=&(\mathrm{I}_Z)_\nu-\mathrm{I}_\nu\sum_{\lambda=1}^{\nu-1}\mathrm{II}_\lambda{}^s+\mathrm{II}_\nu\sum_{\lambda=1}^{\nu-1}(\mathrm{III}_\lambda+2P_\lambda)\\
&+2P_\nu\sum_{\lambda=1}^{\nu-1}\mathrm{II}_\lambda+\mathrm{III}_\nu\sum_{\lambda=1}^{\nu-1}\mathrm{V}_\lambda{}^s-\mathrm{V}_\nu\sum_{\lambda=1}^{\nu-1}\mathrm{I}_\lambda
\end{aligned}
$$

$$
\mathrm{I}_{F\nu}=(\mathrm{I}_F)_\nu+2\mathrm{I}_\nu\sum_{\lambda=1}^{\nu-1}\mathrm{II}_\lambda{}^s+2\mathrm{II}_\nu\sum_{\lambda=1}^{\nu-1}(2\mathrm{III}_\lambda{}^s-\mathrm{III}_\lambda)-2(2\mathrm{III}_\nu+P_\nu)\sum_{\lambda=1}^{\nu-1}\mathrm{II}_\lambda
$$

$$
\mathrm{II}_{P\nu}=(\mathrm{II}_P)_\nu+4\mathrm{II}_\nu\sum_{\lambda=1}^{\nu-1}\mathrm{II}_\lambda{}^s+2\mathrm{III}_\nu\sum_{\lambda=1}^{\nu-1}(\mathrm{III}_\lambda{}^s-2\mathrm{III}_\lambda)-2\mathrm{V}_\nu\sum_{\lambda=1}^{\nu-1}\mathrm{II}_\lambda
$$

$$
\begin{aligned}
\widehat{\mathrm{I}}_\nu=&(\widehat{\mathrm{I}})_\nu+3\mathrm{I}_\nu\sum_{\lambda=1}^{\nu-1}\mathrm{II}_\lambda{}^s+\mathrm{II}_\nu\sum_{\lambda=1}^{\nu-1}(2\mathrm{III}_\lambda{}^s-3\mathrm{III}_\lambda-P_\lambda)\\
&+(\mathrm{III}_\nu+P_\nu)\sum_{\lambda=1}^{\nu-1}(\mathrm{V}_\lambda{}^s-2\mathrm{II}_\lambda)-\mathrm{V}_\nu\sum_{\lambda=1}^{\nu-1}\mathrm{I}_\lambda
\end{aligned}
$$

$$
\begin{aligned}
\mathrm{II}_{Z\nu}=&(\mathrm{II}_Z)_\nu-2\mathrm{II}_\nu\sum_{\lambda=1}^{\nu-1}\mathrm{II}_\lambda{}^s+\mathrm{III}_\nu\sum_{\lambda=1}^{\nu-1}(2\mathrm{III}_\lambda{}^s+2\mathrm{III}_\lambda+3P_\lambda)\\
&+P_\nu\sum_{\lambda=1}^{\nu-1}(3\mathrm{III}_\lambda+2P_\lambda)-2\mathrm{V}_\nu\sum_{\lambda=1}^{\nu-1}\mathrm{II}_\lambda
\end{aligned}
$$

$$
\begin{aligned}
\widehat{\mathrm{II}}_\nu=&(\widehat{\mathrm{II}})_\nu+\mathrm{I}_\nu\sum_{\lambda=1}^{\nu-1}\mathrm{I}_\lambda{}^s+\mathrm{II}_\nu\sum_{\lambda=1}^{\nu-1}(4\mathrm{II}_\lambda{}^s-\mathrm{V}_\lambda)+\mathrm{III}_\nu\sum_{\lambda=1}^{\nu-1}(\mathrm{III}_\lambda{}^s-4\mathrm{III}_\lambda-2P_\lambda)\\
&+P_\nu\sum_{\lambda=1}^{\nu-1}(\mathrm{III}_\lambda{}^s-3\mathrm{III}_\lambda-P_\lambda)-\mathrm{V}_\nu\sum_{\lambda=1}^{\nu-1}\mathrm{II}_\lambda
\end{aligned}
$$

$$
\begin{aligned}
\widehat{\mathrm{III}}_\nu=&(\widehat{\mathrm{III}})_\nu+2\mathrm{II}_\nu\sum_{\lambda=1}^{\nu-1}\mathrm{I}_\lambda{}^s+2\mathrm{III}_\nu\sum_{\lambda=1}^{\nu-1}(2\mathrm{II}_\lambda{}^s-\mathrm{V}_\lambda)\\
&+P_\nu\sum_{\lambda=1}^{\nu-1}\mathrm{II}_\lambda{}^s-\mathrm{V}_\nu\sum_{\lambda=1}^{\nu-1}(4\mathrm{III}_\lambda+P_\nu)
\end{aligned}
$$

$$
\begin{aligned}
\widehat{\mathrm{IV}}_\nu=&(\widehat{\mathrm{IV}})_\nu+4\mathrm{II}_\nu\sum_{\lambda=1}^{\nu-1}\mathrm{I}_\lambda{}^s+2(\mathrm{III}_\nu+P_\nu)\sum_{\lambda=1}^{\nu-1}(\mathrm{II}_\lambda{}^s-2\mathrm{V}_\lambda)\\
&-2\mathrm{V}_\nu\sum_{\lambda=1}^{\nu-1}(\mathrm{III}_\lambda+P_\lambda)
\end{aligned}
$$

$$\widehat{\mathrm{V}}_\nu=(\widehat{\mathrm{V}})_\nu+2(3\mathrm{III}_\nu+P_\nu)\sum_{\lambda=1}^{\nu-1}\mathrm{I}_\lambda{}^s-6\mathrm{V}_\nu\sum_{\lambda=1}^{\nu-1}\mathrm{V}_\lambda \tag{4.9}$$

ここに $(\overset{*}{\mathrm{I}})_\nu, (\overset{*}{\mathrm{II}}_Z)_\nu, \cdots\cdots$ などは $(\overset{*}{\mathrm{I}})_\nu\equiv(\overset{*}{\mathrm{I}})_\nu{}^r+(\overset{*}{\mathrm{I}})_\nu{}^b+(\overset{*}{\mathrm{I}})_\nu{}^c$, $(\overset{*}{\mathrm{II}}_Z)_\nu\equiv(\overset{*}{\mathrm{II}}_Z)_\nu{}^r+(\overset{*}{\mathrm{II}}_Z)_\nu{}^b+(\overset{*}{\mathrm{II}}_Z)_\nu{}^c, \cdots\cdots$ などを意味するものとする。

物体収差係数を計算するためのコンピュータのプログラムが作成されている場合，瞳の収差係数の計算に対しては，特別にプログラムを作成しなくても，物体収差係数の計算プログラムを流用して求めことがができる。それには，収差係数を計算するための近軸追跡の初値として，(4.1) を用いないで，故意に

$$\left.\begin{aligned}
h_1&=\alpha_1(t_1/N_1)\\
\alpha_1&=-\hat{g}_1/g_1\\
\bar{h}_1&=-s_1/\hat{g}_1\\
\bar{\alpha}_1&=-N_1/\hat{g}_1
\end{aligned}\right\} \tag{4.10}$$

とするのである。こうして計算させると，I の代わりに I^s, II の代わりに II^s, …… というように，物体の収差係数に代わって瞳の収差係数が求められる。ただし，非対称な収差に関する係数（広義のコマと歪曲に関する係数）は符号が反転して求められるから注意を要する。

E. 収差係数間の関係

いままでに示した収差係数の数は，物体の収差係数，瞳の収差係数の双方を含めると，3 次で 10 個，5 次で 24 個である。一方，理論上からいうと，特定の光学系についての独立な（すなわち，自由に変化させることのできる）$(2m+1)$ 次の収差係数の数は，$(m+2)(m+3)/2$ であることがわかっている。このことから見ると，独立な収差係数の数は 3 次で 6 個，5 次で 10 個ということになり，収差係数の間に多くの従属関係が存在することがわかる。以下それらを一括して示す。

これらの公式は，光学系の中の一個の面の収差係数に対しても，また光学系全体の収差係数に対しても成立する。

i) 瞳の収差係数と物体の収差係数（3 次）

$$
\left.
\begin{aligned}
&\mathrm{V}^s-\mathrm{II}=\left(\frac{\alpha'}{N'}\right)^2-\left(\frac{\alpha}{N}\right)^2\\
&\mathrm{III}^s-\mathrm{III}=\mathrm{IV}^s-\mathrm{IV}=\frac{\alpha'\bar{\alpha}'}{N'^2}-\frac{\alpha\bar{\alpha}}{N^2}\\
&\mathrm{II}^s-\mathrm{V}=\left(\frac{\bar{\alpha}'}{N'}\right)^2-\left(\frac{\bar{\alpha}}{N}\right)^2
\end{aligned}
\right\}
\qquad (4.11)
$$

ここに，$\alpha, \bar{\alpha}, N$ は光学系の物界に属する量，$\alpha', \bar{\alpha}', N'$ は光学系の像界に属する量を意味する。

ii）瞳の収差係数と物体の収差係数（5次）

$$
\begin{aligned}
\widehat{\mathrm{V}}^s-\overset{*}{\mathrm{II}}=&-3\left\{\left(\frac{\alpha'}{N'}\right)^4-\left(\frac{\alpha}{N}\right)^4\right\}+2\left\{3\left(\frac{\alpha}{N}\right)^2\mathrm{V}^s\right.\\
&\left.-2\left(\frac{\alpha'}{N'}\right)^2\mathrm{II}\right\}-2\frac{\alpha'\bar{\alpha}'}{N'^2}\mathrm{I}-(3\mathrm{III}^s+\mathrm{IV}^s)\,\mathrm{I}+2(3\mathrm{V}^s-\mathrm{II})\mathrm{V}^s\\
\widehat{\mathrm{IV}}^s-\widehat{\mathrm{I}}=&-3\left\{\left(\frac{\alpha'}{N'}\right)^3\frac{\bar{\alpha}'}{N'}-\left(\frac{\alpha}{N}\right)^3\frac{\bar{\alpha}}{N}\right\}+\left\{2\left(\frac{\alpha}{N}\right)^2\mathrm{IV}^s\right.\\
&\left.-3\left(\frac{\alpha'}{N'}\right)^2\mathrm{IV}\right\}+2\left\{2\frac{\alpha\bar{\alpha}}{N^2}\mathrm{V}^s-\frac{\alpha'\bar{\alpha}'}{N'^2}\mathrm{II}\right\}\\
&-\left(\frac{\bar{\alpha}'}{N'}\right)^2\mathrm{I}-3\,\mathrm{I}\cdot\mathrm{II}^s+2(3\mathrm{V}^s-\mathrm{II})\mathrm{IV}^s-\mathrm{IV}\cdot\mathrm{V}^s\\
\widehat{\mathrm{III}}^s-\mathrm{I}_F=&-3\left\{\left(\frac{\alpha'}{N'}\right)^3\frac{\bar{\alpha}'}{N'}-\left(\frac{\alpha}{N}\right)^3\frac{\bar{\alpha}}{N}\right\}+\left\{\left(\frac{\alpha}{N}\right)^2(3\mathrm{III}^s+\mathrm{IV}^s)\right.\\
&\left.-2\left(\frac{\alpha'}{N'}\right)^2\mathrm{III}\right\}+2\left\{\frac{\alpha\bar{\alpha}}{N^2}\mathrm{V}^s-2\frac{\alpha'\bar{\alpha}'}{N'^2}\mathrm{II}\right\}-2\mathrm{I}\cdot\mathrm{II}^s\\
&+(5\mathrm{V}^s-4\mathrm{II})\mathrm{III}^s+\mathrm{IV}^s\cdot\mathrm{V}^s\\
\widehat{\mathrm{II}}^s-\widehat{\mathrm{II}}=&-3\left\{\left(\frac{\alpha'\bar{\alpha}'}{N'^2}\right)^2-\left(\frac{\alpha\bar{\alpha}}{N^2}\right)^2\right\}+\left\{\left(\frac{\alpha}{N}\right)^2\mathrm{II}^s-\left(\frac{\alpha'}{N'}\right)^2\mathrm{V}\right\}\\
&+2\left\{\frac{\alpha\bar{\alpha}}{N^2}(\mathrm{III}^s+\mathrm{IV}^s)-\frac{\alpha'\bar{\alpha}'}{N'^2}(\mathrm{III}+\mathrm{IV})\right\}+\left\{\left(\frac{\bar{\alpha}}{N}\right)^2\mathrm{V}^s-\left(\frac{\bar{\alpha}'}{N'}\right)^2\mathrm{II}\right\}\\
&-\mathrm{I}\cdot\mathrm{I}^s+2(\mathrm{V}^s-2\mathrm{II})\mathrm{II}^s+(3\mathrm{IV}^s-\mathrm{IV})\mathrm{III}^s+(\mathrm{IV}^s)^2\\
\widehat{\mathrm{I}}^s-\widehat{\mathrm{IV}}=&-3\left\{\frac{\alpha'}{N'}\left(\frac{\bar{\alpha}'}{N'}\right)^3-\frac{\alpha}{N}\left(\frac{\bar{\alpha}}{N}\right)^3\right\}+\left(\frac{\alpha}{N}\right)^2\mathrm{I}^s+2\left\{\frac{\alpha\bar{\alpha}}{N^2}\mathrm{II}^s-2\frac{\alpha'\bar{\alpha}'}{N'^2}\mathrm{V}\right\}
\end{aligned}
$$

$$+\left\{3\left(\frac{\bar{\alpha}}{N}\right)^2 \mathrm{IV}^s-2\left(\frac{\bar{\alpha}'}{N'}\right)^2 \mathrm{IV}\right\}+(\mathrm{V}^s-4\mathrm{II})\mathrm{I}^s+(5\mathrm{IV}^s-2\mathrm{IV})\mathrm{II}^s$$

$$\mathrm{II}_P{}^s-\mathrm{II}_P=-3\left\{\left(\frac{\alpha'\bar{\alpha}'}{N'^2}\right)^2-\left(\frac{\alpha\bar{\alpha}}{N^2}\right)^2\right\}+2\left(\frac{\alpha}{N}\right)^2 \mathrm{II}^s+4\left\{\frac{\alpha\bar{\alpha}}{N^2}\mathrm{III}^s-\frac{\alpha'\bar{\alpha}'}{N'^2}\mathrm{III}\right\}$$

$$-2\left(\frac{\bar{\alpha}'}{N'}\right)^2 \mathrm{II}+2(\mathrm{V}^s-2\mathrm{II})\mathrm{II}^s+2(2\mathrm{III}^s-\mathrm{III})\mathrm{III}^s$$

$$\mathrm{I}_F{}^s-\widehat{\mathrm{III}}=-3\left\{\frac{\alpha'}{N'}\left(\frac{\bar{\alpha}'}{N'}\right)^3-\frac{\alpha}{N}\left(\frac{\bar{\alpha}}{N}\right)^3\right\}+2\left\{2\frac{\alpha\bar{\alpha}}{N^2}\mathrm{II}^s-\frac{\alpha'\bar{\alpha}'}{N'^2}\mathrm{V}\right\}$$

$$+\left\{2\left(\frac{\bar{\alpha}}{N}\right)^2 \mathrm{III}^s-\left(\frac{\bar{\alpha}'}{N'}\right)^2(3\mathrm{III}+\mathrm{IV})\right\}-2\mathrm{II}\cdot\mathrm{I}^s$$

$$+(4\mathrm{III}^s+2\mathrm{IV}^s-3\mathrm{III}-\mathrm{IV})\mathrm{II}^s$$

$$\overset{*}{\mathrm{II}}{}^s-\widehat{\mathrm{V}}=-3\left\{\left(\frac{\bar{\alpha}'}{N'}\right)^4-\left(\frac{\bar{\alpha}}{N}\right)^4\right\}+2\frac{\alpha\bar{\alpha}}{N^2}\mathrm{I}^s+2\left\{2\left(\frac{\bar{\alpha}}{N}\right)^2 \mathrm{II}^s\right.$$

$$\left.-3\left(\frac{\bar{\alpha}'}{N'}\right)^2 \mathrm{V}\right\}+(\mathrm{III}^s+\mathrm{IV}^s-4\mathrm{III}-2\mathrm{IV})\mathrm{I}^s+4(\mathrm{II}^s)^2$$

(4. 12)

iii) 5次の付加収差係数と3次の収差係数

$$\overset{*}{\mathrm{II}}_Z=2\frac{\alpha\bar{\alpha}}{N^2}\mathrm{I}-2\left(\frac{\alpha}{N}\right)^2 \mathrm{II}+(\mathrm{IV}-3\mathrm{III})\mathrm{I}+2\mathrm{II}^2$$

$$\mathrm{I}_Z=\left(\frac{\bar{\alpha}}{N}\right)^2 \mathrm{I}-\left(\frac{\alpha}{N}\right)^2 \mathrm{III}-\mathrm{V}\cdot\mathrm{I}+(2\mathrm{IV}-\mathrm{III})\mathrm{II}$$

$$\mathrm{II}_Z=2\left(\frac{\bar{\alpha}}{N}\right)^2 \mathrm{II}-2\frac{\alpha\bar{\alpha}}{N^2}\mathrm{III}-2\mathrm{V}\cdot\mathrm{II}+(\mathrm{III}+\mathrm{IV})\mathrm{IV}$$

$$\overset{*}{\mathrm{II}}_Z{}^s=2\frac{\alpha\bar{\alpha}}{N^2}\mathrm{I}^s-2\left(\frac{\bar{\alpha}}{N}\right)^2 \mathrm{II}^s-(\mathrm{IV}^s-3\mathrm{III}^s)\mathrm{I}^s-2(\mathrm{II}^s)^2$$

$$\mathrm{I}_Z{}^s=\left(\frac{\alpha}{N}\right)^2 \mathrm{I}^s-\left(\frac{\bar{\alpha}}{N}\right)^2 \mathrm{III}^s+\mathrm{V}^s\cdot\mathrm{I}^s-(2\mathrm{IV}^s-\mathrm{III}^s)\mathrm{II}^s$$

$$\mathrm{II}_Z{}^s=2\left(\frac{\alpha}{N}\right)^2 \mathrm{II}^s-2\frac{\alpha\bar{\alpha}}{N^2}\mathrm{III}^s+2\mathrm{V}^s\cdot\mathrm{II}^s-(\mathrm{III}^s+\mathrm{IV}^s)\mathrm{IV}^s$$

(4. 13)

F.　入射瞳の移動に対する収差係数の変換

光学系の入射瞳位置が移動した場合，光学系全体に対する収差係数の値を，直接その新しい条件に変換することができる。以下，物体の収差係数の変換公式を示す。瞳の移動はパラメータ $\gamma\equiv(\bar{\alpha}\bar{\boldsymbol{\alpha}}/N)\Delta t=-(\bar{\boldsymbol{\alpha}}-\bar{\alpha})/\alpha$ によって表わし，新しい条件に対する値は太字によって区別するものとする。

i）3次の物体収差係数の変換

$$\left.\begin{aligned}
\mathbf{I}&=\mathrm{I}\\
\mathbf{II}&=\mathrm{II}-\gamma\mathrm{I}\\
\mathbf{III}&=\mathrm{III}-2\gamma\mathrm{II}+\gamma^2\mathrm{I}\\
\mathbf{IV}&=\mathrm{IV}-2\gamma\mathrm{II}+\gamma^2\mathrm{I}\\
\mathbf{V}&=\mathrm{V}-\gamma(2\mathrm{III}+\mathrm{IV})+3\gamma^2\mathrm{II}-\gamma^3\mathrm{I}
\end{aligned}\right\}\tag{4.14}$$

ii）5次の物体収差係数の変換

$$\begin{aligned}
\overset{*}{\mathbf{I}}&=\overset{*}{\mathrm{I}}\\
\overset{*}{\mathbf{II}}_Z&=\overset{*}{\mathrm{II}}_Z\\
\overset{*}{\mathbf{II}}&=\overset{*}{\mathrm{II}}-\gamma\overset{*}{\mathrm{I}}\\
\mathbf{I}_Z&=\mathrm{I}_Z-\gamma\overset{*}{\mathrm{II}}_Z\\
\mathbf{I}_F&=\mathrm{I}_F-2\gamma\overset{*}{\mathrm{II}}+\gamma^2\overset{*}{\mathrm{I}}\\
\mathbf{II}_P&=\mathrm{II}_P-\gamma(3\mathrm{I}_F+2\mathrm{I}_Z)+\gamma^2(3\overset{*}{\mathrm{II}}+\overset{*}{\mathrm{II}}_Z)-\gamma^3\overset{*}{\mathrm{I}}\\
\widehat{\mathbf{I}}&=\widehat{\mathrm{I}}-2\gamma\overset{*}{\mathrm{II}}+\gamma^2\overset{*}{\mathrm{I}}\\
\mathbf{II}_Z&=\mathrm{II}_Z-2\gamma\mathrm{I}_Z+\gamma^2\overset{*}{\mathrm{II}}_Z\\
\widehat{\mathbf{II}}&=\widehat{\mathrm{II}}-\gamma(\widehat{\mathrm{I}}+2\mathrm{I}_F)+3\gamma^2\overset{*}{\mathrm{II}}-\gamma^3\overset{*}{\mathrm{I}}\\
\widehat{\mathbf{III}}&=\widehat{\mathrm{III}}-\gamma(2\widehat{\mathrm{II}}+\mathrm{II}_Z+2\mathrm{II}_P)+\gamma^2(5\mathrm{I}_F+3\mathrm{I}_Z+\widehat{\mathrm{I}})-\gamma^3(4\overset{*}{\mathrm{II}}+\overset{*}{\mathrm{II}}_Z)+\gamma^4\overset{*}{\mathrm{I}}\\
\widehat{\mathbf{IV}}&=\widehat{\mathrm{IV}}-4\gamma\widehat{\mathrm{II}}+2\gamma^2(\widehat{\mathrm{I}}+2\mathrm{I}_F)-4\gamma^3\overset{*}{\mathrm{II}}+\gamma^4\overset{*}{\mathrm{I}}\\
\widehat{\mathbf{V}}&=\widehat{\mathrm{V}}-\gamma(4\widehat{\mathrm{III}}+\widehat{\mathrm{IV}})+2\gamma^2(3\widehat{\mathrm{II}}+\mathrm{II}_Z+2\mathrm{II}_P)-2\gamma^3(4\mathrm{I}_F+2\mathrm{I}_Z+\widehat{\mathrm{I}})\\
&\quad+\gamma^4(5\overset{*}{\mathrm{II}}+\overset{*}{\mathrm{II}}_Z)-\gamma^5\overset{*}{\mathrm{I}}
\end{aligned}\tag{4.15}$$

G.　物体平面の移動に対する収差係数の変換

物体平面の移動の場合にも，光学系全体の収差係数に対する変換公式が導かれる。物体移動のパラメータ $\kappa\equiv\bar{\boldsymbol{\alpha}}/\bar{\alpha}$ および $\delta\equiv-\kappa\alpha\boldsymbol{\alpha}(\Delta s/N)=\kappa(h\boldsymbol{\alpha}-\boldsymbol{h}\alpha)$

を用いると，物体収差係数の変化は以下のように表わされる。

i）3次の物体収差係数の変換

$$
\begin{aligned}
\mathbf{I}&=(1/\kappa^4)\{\mathrm{I}-\delta(3\mathrm{II}+\mathrm{V}^s)+\delta^2(2\mathrm{III}+\mathrm{IV}+2\mathrm{III}^s+\mathrm{IV}^s)\\
&\qquad-\delta^3(\mathrm{V}+3\mathrm{II}^s)+\delta^4\mathrm{I}^s\}\\
\mathbf{II}&=(1/\kappa^2)\{\mathrm{II}-\delta(2\mathrm{III}+\mathrm{IV}^s)+\delta^2(\mathrm{V}+2\mathrm{II}^s)-\delta^3\mathrm{I}^s\}\\
\mathbf{III}&=\mathrm{III}-\delta(\mathrm{V}+\mathrm{II}^s)+\delta^2\mathrm{I}^s\\
\mathbf{IV}&=\mathrm{IV}-\delta(\mathrm{V}+\mathrm{II}^s)+\delta^2\mathrm{I}^s\\
\mathbf{V}&=\kappa^2\{\mathrm{V}-\delta\mathrm{I}^s\}
\end{aligned}
\tag{4.16}
$$

ii）5次の物体収差係数の変換

$$
\begin{aligned}
\overset{*}{\mathbf{I}}&=(1/\kappa^6)\{\overset{*}{\mathrm{I}}-\delta(5\overset{*}{\mathrm{II}}+\overset{*}{\mathrm{II}}_Z+\widehat{\mathrm{V}}^s)+\delta^2(8\mathrm{I}_F+4\mathrm{I}_Z+2\widehat{\mathrm{I}}+\widehat{\mathrm{IV}}^s+4\widehat{\mathrm{III}}^s)\\
&\qquad-2\delta^3(3\widehat{\mathrm{II}}+\mathrm{II}_Z+2\mathrm{II}_P+3\widehat{\mathrm{II}}^s+2\mathrm{II}_P{}^s+\mathrm{II}_Z{}^s)+\delta^4(4\widehat{\mathrm{III}}+\widehat{\mathrm{IV}}+2\widehat{\mathrm{I}}^s+8\mathrm{I}_F{}^s\\
&\qquad+4\mathrm{I}_Z{}^s)-\delta^5(\widehat{\mathrm{V}}+5\overset{*}{\mathrm{II}}{}^s+\overset{*}{\mathrm{II}}_Z{}^s)+\delta^6\overset{*}{\mathrm{I}}{}^s\}\\
\overset{*}{\mathbf{II}}_Z&=(1/\kappa^4)\{\overset{*}{\mathrm{II}}_Z-\delta(\mathrm{I}_F+3\mathrm{I}_Z-\widehat{\mathrm{I}}+\widehat{\mathrm{IV}}^s-\widehat{\mathrm{III}}^s)+\delta^2(2\mathrm{II}_P+\mathrm{II}_Z-2\widehat{\mathrm{II}}+2\widehat{\mathrm{II}}^s\\
&\qquad-\mathrm{II}_Z{}^s-2\mathrm{II}_P{}^s)-\delta^3(\widehat{\mathrm{III}}-\widehat{\mathrm{IV}}+\widehat{\mathrm{I}}^s-\mathrm{I}_F{}^s-3\mathrm{I}_Z{}^s)-\delta^4\overset{*}{\mathrm{II}}_Z{}^s\}\\
\overset{*}{\mathbf{II}}&=(1/\kappa^4)\{\overset{*}{\mathrm{II}}-\delta(3\mathrm{I}_F+\mathrm{I}_Z+\widehat{\mathrm{I}}+\widehat{\mathrm{III}}^s)+\delta^2(4\widehat{\mathrm{II}}+\mathrm{II}_Z+2\mathrm{II}_P+2\widehat{\mathrm{II}}^s+\mathrm{II}_Z{}^s\\
&\qquad+2\mathrm{II}_P{}^s)-\delta^3(3\widehat{\mathrm{III}}+\widehat{\mathrm{IV}}+\widehat{\mathrm{I}}^s+5\mathrm{I}_F{}^s+3\mathrm{I}_Z{}^s)+\delta^4(\widehat{\mathrm{V}}+4\overset{*}{\mathrm{II}}{}^s+\overset{*}{\mathrm{II}}_Z{}^s)-\delta^5\overset{*}{\mathrm{I}}{}^s\}\\
\mathbf{I}_Z&=(1/\kappa^2)\{\mathrm{I}_Z-\delta(\mathrm{II}_P+\mathrm{II}_Z-\widehat{\mathrm{II}}+\widehat{\mathrm{II}}^s-\mathrm{II}_P{}^s)+\delta^2(\widehat{\mathrm{III}}-\widehat{\mathrm{IV}}+\widehat{\mathrm{I}}^s-\mathrm{I}_F{}^s-2\mathrm{I}_Z{}^s)\\
&\qquad+\delta^3\overset{*}{\mathrm{II}}_Z{}^s\}\\
\mathbf{I}_F&=(1/\kappa^2)\{\mathrm{I}_F-\delta(\mathrm{II}_P+2\widehat{\mathrm{II}}+\mathrm{II}_P{}^s)+\delta^2(2\widehat{\mathrm{III}}+\widehat{\mathrm{IV}}+3\mathrm{I}_F{}^s+2\mathrm{I}_Z{}^s)\\
&\qquad-\delta^3(\widehat{\mathrm{V}}+3\overset{*}{\mathrm{II}}{}^s+\overset{*}{\mathrm{II}}_Z{}^s)+\delta^4\overset{*}{\mathrm{I}}{}^s\}\\
\mathbf{II}_P&=\mathrm{II}_P-\delta(2\widehat{\mathrm{III}}+\mathrm{I}_F{}^s)+\delta^2(\widehat{\mathrm{V}}+2\overset{*}{\mathrm{II}}{}^s)-\delta^3\overset{*}{\mathrm{I}}{}^s\\
\widehat{\mathbf{I}}&=(1/\kappa^2)\{\widehat{\mathrm{I}}-\delta(\mathrm{II}_Z+3\widehat{\mathrm{II}}+\widehat{\mathrm{II}}^s+\mathrm{II}_Z{}^s)+\delta^2(2\widehat{\mathrm{III}}+\widehat{\mathrm{IV}}+\widehat{\mathrm{I}}^s+2\mathrm{I}_F{}^s\\
&\qquad+2\mathrm{I}_Z{}^s)-\delta^3(\widehat{\mathrm{V}}+3\overset{*}{\mathrm{II}}{}^s+\overset{*}{\mathrm{II}}_Z{}^s)+\delta^4\overset{*}{\mathrm{I}}{}^s\}\\
\mathbf{II}_Z&=\mathrm{II}_Z-\delta(\widehat{\mathrm{III}}-\widehat{\mathrm{IV}}+\widehat{\mathrm{I}}^s-\mathrm{I}_F{}^s-\mathrm{I}_Z{}^s)-\delta^2\mathrm{II}_Z{}^s\\
\widehat{\mathbf{II}}&=\widehat{\mathrm{II}}-\delta(\widehat{\mathrm{III}}+\widehat{\mathrm{IV}}+\mathrm{I}_F{}^s+\mathrm{I}_Z{}^s)+\delta^2(\widehat{\mathrm{V}}+2\overset{*}{\mathrm{II}}{}^s+\overset{*}{\mathrm{II}}_Z{}^s)-\delta^3\overset{*}{\mathbf{I}}{}^s\\
\widehat{\mathbf{III}}&=\kappa^2\{\widehat{\mathrm{III}}-\delta(\widehat{\mathrm{V}}+\overset{*}{\mathrm{II}}{}^s)+\delta^2\overset{*}{\mathrm{I}}{}^s\}\\
\widehat{\mathbf{IV}}&=\kappa^2\{\widehat{\mathrm{IV}}-\delta(\widehat{\mathrm{V}}+\overset{*}{\mathrm{II}}{}^s+\overset{*}{\mathrm{II}}_Z{}^s)+\delta^2\overset{*}{\mathrm{I}}{}^s\}\\
\widehat{\mathbf{V}}&=\kappa^4\{\widehat{\mathrm{V}}-\delta\overset{*}{\mathrm{I}}{}^s\}
\end{aligned}
\tag{4.17}
$$

H. 色収差の取り扱い

収差展開式（4.4）は，色収差を含むように拡張することができる。ここでは，色収差として，最低次の軸上色収差と倍率色収差だけを考えることにし，それぞれの色収差係数を L, T とすれば，（4.4）は次の形に拡張される。

$$\Delta y = [\text{単色光の項，すなわち（4.4）の } \Delta y \text{ の右辺}] - \frac{1}{\alpha_k'}[LR\cos\phi + TN_1\tan\omega],$$

$$\Delta z = [\text{単色光の項，すなわち（4.4）の } \Delta z \text{ の右辺}] - \frac{1}{\alpha_k'}[LR\sin\phi]. \qquad (4.18)$$

この場合にも瞳の収差を考えることができ，瞳の軸上色収差係数 L^s と瞳の倍率色収差係数 T^s とが存在する。

i ）色収差係数の計算

光学系の任意の面 ν に対する色収差係数は，前後の媒質の屈折率偏差（基準波長からの波長のズレに対応する屈折率の偏差）を $\delta N_\nu, \delta N_\nu'$ とするとき，次によって計算される。

$$\left.\begin{aligned}
L_\nu &= h_\nu^2 Q_\nu \Delta_\nu\left(\frac{\delta N}{N}\right) \\
T_\nu &= h_\nu \bar{h}_\nu \bar{Q}_\nu \Delta_\nu\left(\frac{\delta N}{N}\right) = J_\nu L_\nu \\
L^s &= \bar{h}_\nu^2 \bar{Q}_\nu \Delta_\nu\left(\frac{\delta N}{N}\right) \\
T^s &= \bar{h}_\nu h_\nu Q_\nu \Delta_\nu\left(\frac{\delta N}{N}\right) = \hat{J}_\nu L_\nu^s \\
\text{ただし}\quad \Delta_\nu\left(\frac{\delta N}{N}\right) &\equiv \frac{\delta N_\nu'}{N_\nu'} - \frac{\delta N_\nu}{N_\nu}
\end{aligned}\right\} \qquad (4.19)$$

ii）色収差係数の変換公式

入射瞳の移動に伴う色収差係数の変換は次により行なうことができる。

$$\left.\begin{aligned}\boldsymbol{L}&=L\\ \boldsymbol{T}&=T-\gamma L\end{aligned}\right\}\tag{4.20}$$

また，物体平面の移動に伴う変換公式は次のとおりである。

$$\left.\begin{aligned}\boldsymbol{L}&=(1/\kappa^2)\{L-\delta(T+T^s)+\delta^2L^s\}\\ \boldsymbol{T}&=T-\delta L^s\end{aligned}\right\}\tag{4.21}$$

I. 収差係数と実際の収差との対応

実際の設計で収差論を活用するためには，まず個々の収差係数がすでに述べた光線追跡で求められる収差量とどう対応するのか，よく理解しておくことが必要である。ここでは，そのような対応関係を述べる。

i）収差係数と横収差との対応

収差係数（以下，特に断らない場合には物体の収差係数を指す）とガウス像平面上の横収差との関係は，(4.4) から知ることができる。すなわち，(4.4) において，個々の収差係数が単独に存在すると考えて，特定の R や $N_1\tan\omega$ の値について，ϕ が変わることによって $(\varDelta y, \varDelta z)$ の画く図形を求めればよい。図 4.6 は，このようにして画いた各収差係数に対応する収差図形である。実際の場合，特定の画角については，R がFナンバーで決まる範囲内のあらゆる値をとるから，種々の R に対応するこのような図形の重ね合わせになる。さらに一方では，収差図形が $N_1\tan\omega$ の変化に伴ってどう変わるかといった画面全体に及ぼす影響を考えることも忘れてはならない。

図 3.24 に示したような，子午的光束あるいは球欠的光束の横収差を計算するには，$\phi=0°$ あるいは $\phi=90°$ に限定して，種々の R に対する $\varDelta y$ あるいは $\varDelta z$ を，(4.4) によって計算して plot すればよい。図 4.7 は，あるレンズについて，子午切断面内の横収差を収差係数の値から計算し，追跡によって求めた値と比較したものである。

ii）収差係数と縦収差，歪曲との対応

収差係数と 3.4 の B.（p. 54）で述べた縦の球面収差（$S.A.$），D.（p. 60〜61）で述べた子午および球欠像面彎曲 $\varDelta M$，$\varDelta S$，E.（p. 61）で述べた歪曲 Dist（%）などとの対応関係は次のようになる。

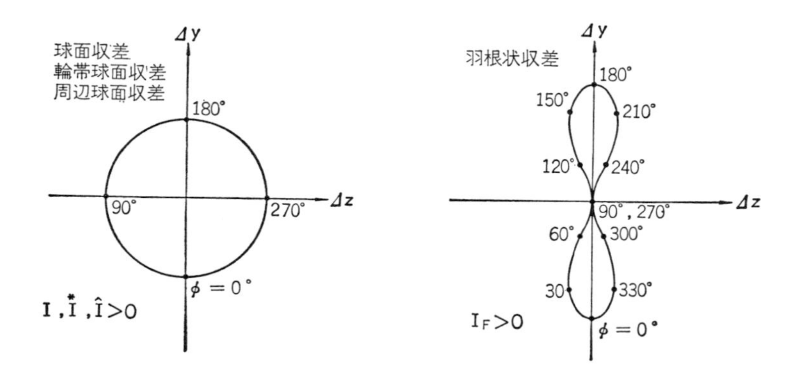

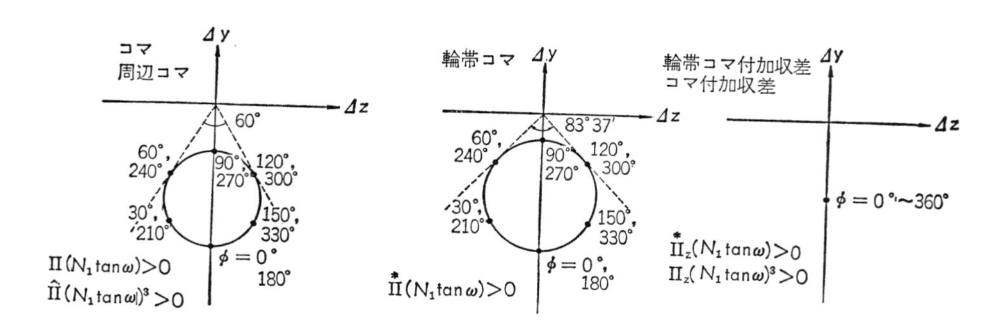

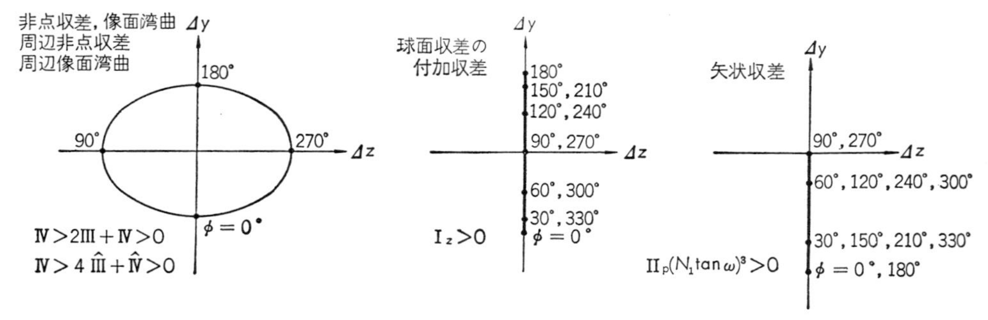

図 4.6　ガウス平面上の収差図形

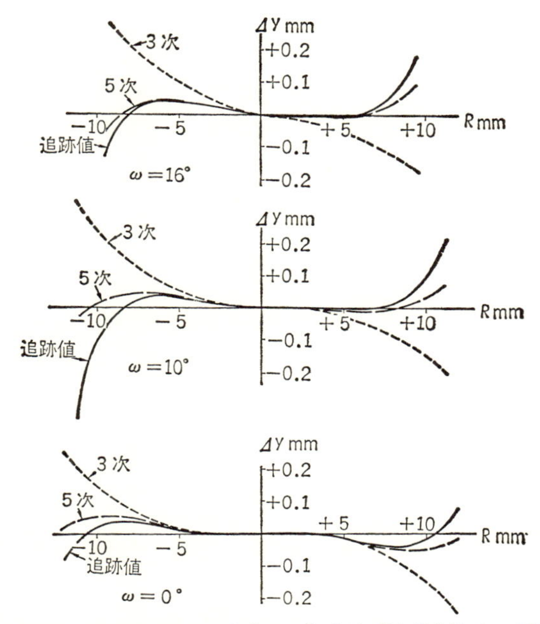

図 4.7 収差係数から計算した収差の精度（1）横収差曲線（meridional）

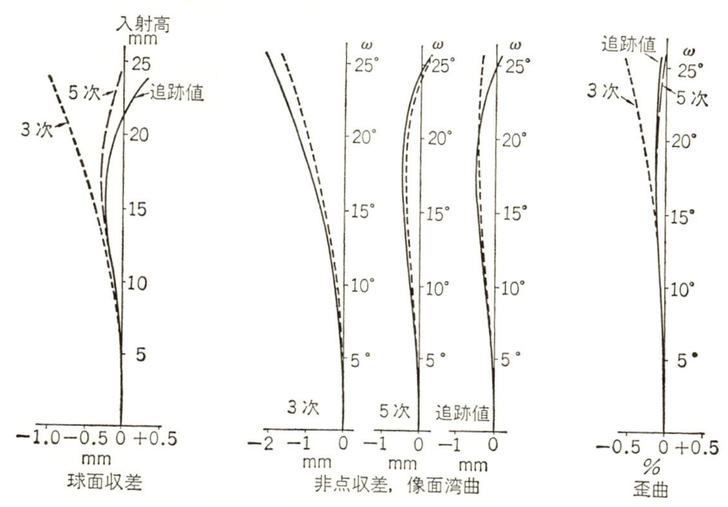

図 4.8 収差係数から計算した収差の精度（2）球面収差，非点収差と像面彎曲および歪曲

$$S.A.=-\frac{\hat{g}_k'^2}{2N_k'}\left[\mathrm{I}\cdot R^2+\left\{\frac{\overset{*}{\mathrm{I}}}{4}-\frac{\hat{g}_k'}{2N_k'}\mathrm{I}^2\right\}R^4\right]$$

$$\varDelta M=-\frac{\hat{g}_k'^2}{2N_k'}\left[(2\mathrm{III}+\mathrm{IV})(N_1\tan\omega)^2+\left\{\frac{4\widehat{\mathrm{III}}+\widehat{\mathrm{IV}}}{4}\right.\right.$$
$$\left.\left.-\frac{\hat{g}_k'}{2N_k'}(2\mathrm{III}+\mathrm{IV})^2\right\}(N_1\tan\omega)^4\right]$$

$$\varDelta S=-\frac{\hat{g}_k'^2}{2N_k'}\left[\mathrm{IV}(N_1\tan\omega)^2+\left\{\frac{\widehat{\mathrm{IV}}}{4}-\frac{\hat{g}_k'}{2N_k'}\mathrm{IV}^2\right\}(N_1\tan\omega)^4\right]$$

$$\mathrm{Dist}\,(\%)=-50\left\{\mathrm{V}(N_1\tan\omega)^2+\frac{\widehat{\mathrm{V}}}{4}(N_1\tan\omega)^4\right\} \tag{4.22}$$

図 4.8 は図 4.7 と同じレンズについて，収差係数から計算したこれらの収差の値と，追跡によって求めた値とを比較したものである。

iii）収差係数と波面収差との対応

特定の画角に対する 6 次の波面収差展開式（3.54）は 9 個の展開係数を含んでいるが，これらは収差係数と対応づけることができる。一般的な取り扱いができるように，波面収差を表わす基準になる参照球面の中心は，理想像点から光軸方向に $\varDelta_x$，y 軸方向に $\varDelta_y$ だけズレていると考える。ただし，$\varDelta_x$ は実際の値を媒質の屈折率 N_k' で割った量，また $\varDelta_y$ は実際の値に近軸値 α_k' を乗じた量とする。そうすると，まず（3.54）の右辺に含まれる展開係数 W_{pq} は，$N_1\tan\omega$，$\varDelta_x, \varDelta_y$ の関数として，次のように表わされる。

$$W_{11}={}_3W_{11}(N_1\tan\omega)^3+{}_5W_{11}(N_1\tan\omega)^5$$
$$+{}_3W_{11}{}^x(N_1\tan\omega)^3\varDelta_x+\{{}_0W_{11}{}^y+{}_2W_{11}{}^y(N_1\tan\omega)^2\}\varDelta_y$$

$$W_{20}={}_2W_{20}(N_1\tan\omega)^2+{}_4W_{20}(N_1\tan\omega)^4$$
$$+\{{}_0W_{20}{}^x+{}_2W_{20}{}^x(N_1\tan\omega)^2\}\varDelta_x+{}_1W_{20}{}^y(N_1\tan\omega)\varDelta_y$$

$$W_{22}={}_2W_{22}(N_1\tan\omega)^2+{}_4W_{22}(N_1\tan\omega)^4$$
$$+{}_2W_{22}{}^x(N_1\tan\omega)^2\varDelta_x+{}_1W_{22}{}^y(N_1\tan\omega)\varDelta_y$$

$$W_{31}={}_1W_{31}(N_1\tan\omega)+{}_3W_{31}(N_1\tan\omega)^3+{}_1W_{31}{}^x(N_1\tan\omega)\varDelta_x+{}_0W_{31}{}^y\varDelta_y$$

$$W_{33}={}_3W_{33}(N_1\tan\omega)^3$$

$$W_{40}={}_0W_{40}+{}_2W_{40}(N_1\tan\omega)^2+{}_0W_{40}{}^x\Delta_x$$
$$W_{42}={}_2W_{42}(N_1\tan\omega)^2$$
$$W_{51}={}_1W_{51}(N_1\tan\omega)$$
$$W_{60}={}_0W_{60} \tag{4.23}$$

この右辺に含まれている係数 ${}_lW_{pq}$, ${}_{l'}W_{pq}{}^x$, ${}_{l''}W_{pq}{}^y$ などは，近軸値や収差係数と密接に結びついた量で，次のような関係式が成立する。

$${}_3W_{11}=-\frac{1}{2}\mathrm{V}$$
$${}_2W_{20}=-\frac{1}{4}\mathrm{IV}$$
$${}_2W_{22}=-\frac{1}{2}\mathrm{III}$$
$${}_1W_{31}=-\frac{1}{2}\mathrm{II}$$
$${}_0W_{40}=-\frac{1}{8}\mathrm{I} \tag{4.24a}$$

$${}_5W_{11}=-\frac{1}{8}\left[\hat{\mathrm{V}}+6\mathrm{V}\left\{\mathrm{V}-\left(\frac{\bar{\alpha}_1}{N_1}\right)^2\right\}\right]$$
$${}_4W_{20}=-\frac{1}{16}\left[\hat{\mathrm{IV}}+4\mathrm{V}\left\{\mathrm{IV}-\frac{\alpha_1\bar{\alpha}_1}{N_1{}^2}\right\}+2\mathrm{IV}\left\{\mathrm{V}-\left(\frac{\bar{\alpha}_1}{N_1}\right)^2\right\}\right]$$
$${}_4W_{22}=-\frac{1}{4}\left[\hat{\mathrm{III}}+2\mathrm{V}\left\{\mathrm{III}-\frac{\alpha_1\bar{\alpha}_1}{N_1{}^2}\right\}+(3\mathrm{III}+\mathrm{IV})\left\{\mathrm{V}-\left(\frac{\bar{\alpha}_1}{N_1}\right)^2\right\}\right]$$
$${}_3W_{31}=-\frac{1}{4}\left[\hat{\mathrm{II}}+\mathrm{V}\left\{\mathrm{II}-\left(\frac{\alpha_1}{N_1}\right)^2\right\}+\mathrm{IV}\left\{\mathrm{III}+\mathrm{IV}-2\frac{\alpha_1\bar{\alpha}_1}{N_1{}^2}\right\}\right.$$
$$\left.+2\mathrm{III}\left\{\mathrm{IV}-\frac{\alpha_1\bar{\alpha}_1}{N_1{}^2}\right\}+\mathrm{II}\left\{\mathrm{V}-\left(\frac{\bar{\alpha}_1}{N_1}\right)^2\right\}\right]$$
$${}_3W_{33}=-\frac{1}{6}\left[\mathrm{II}_P+4\mathrm{III}\left\{\mathrm{III}-\frac{\alpha_1\bar{\alpha}_1}{N_1{}^2}\right\}+2\mathrm{II}\left\{\mathrm{V}-\left(\frac{\bar{\alpha}_1}{N_1}\right)^2\right\}\right]$$
$${}_2W_{40}=-\frac{1}{16}\left[\hat{\mathrm{I}}+3\mathrm{IV}\left\{\mathrm{II}-\left(\frac{\alpha_1}{N_1}\right)^2\right\}+2\mathrm{II}\left\{\mathrm{IV}-\frac{\alpha_1\bar{\alpha}_1}{N_1{}^2}\right\}\right.$$
$$\left.+\mathrm{I}\left\{\mathrm{V}-\left(\frac{\bar{\alpha}_1}{N_1}\right)^2\right\}\right]$$

$$ {}_2W_{42}=-\frac{1}{4}\left[\mathrm{I}_F+2\mathrm{III}\left\{\mathrm{II}-\left(\frac{\alpha_1}{N_1}\right)^2\right\}+2\mathrm{II}\left\{\mathrm{III}+\mathrm{IV}-2\frac{\alpha_1\bar{\alpha}_1}{N_1{}^2}\right\}\right] $$

$$ {}_1W_{51}=-\frac{1}{8}\left[\overset{*}{\mathrm{II}}+4\mathrm{II}\left\{\mathrm{II}-\left(\frac{\alpha_1}{N_1}\right)^2\right\}+\mathrm{I}\left\{\mathrm{III}+\mathrm{IV}-2\frac{\alpha_1\bar{\alpha}_1}{N_1{}^2}\right\}\right] $$

$$ {}_0W_{60}=-\frac{1}{48}\left[\overset{*}{\mathrm{I}}+6\,\mathrm{I}\left\{\mathrm{II}-\left(\frac{\alpha_1}{N_1}\right)^2\right\}\right] \tag{4.24b} $$

$$ {}_0W_{20}{}^x=-\frac{1}{2}\alpha_k{}'^2 $$

$$ {}_3W_{11}{}^x=-\frac{1}{2}\alpha_k{}'^2\mathrm{I}^s $$

$$ {}_2W_{20}{}^x=-\frac{1}{2}\alpha_k{}'^2\left\{\mathrm{II}^s-\frac{1}{2}\left(\frac{\bar{\alpha}_k{}'}{N_k{}'}\right)^2\right\} $$

$$ {}_2W_{22}{}^x=-\alpha_k{}'^2\left\{\mathrm{II}^s-\frac{1}{2}\left(\frac{\bar{\alpha}_k{}'}{N_k{}'}\right)^2\right\} $$

$$ {}_1W_{31}{}^x=-\frac{1}{2}\alpha_k{}'^2\left\{(2\mathrm{III}^s+\mathrm{IV}^s)-2\,\frac{\alpha_k{}'\bar{\alpha}_k{}'}{N_k{}'^2}\right\} $$

$$ {}_0W_{40}{}^x=-\frac{1}{2}\alpha_k{}'^2\left\{\mathrm{V}^s-\frac{3}{4}\left(\frac{\alpha_k{}'}{N_k{}'}\right)^2\right\} \tag{4.24c} $$

$$ {}_0W_{11}{}^y=-1 $$

$$ {}_2W_{11}{}^y=-\frac{3}{2}\left\{\mathrm{V}-\left(\frac{\bar{\alpha}_1}{N_1}\right)^2\right\} $$

$$ {}_1W_{20}{}^y=-\frac{1}{2}\left\{\mathrm{IV}-\frac{\alpha_1\bar{\alpha}_1}{N_1{}^2}\right\} $$

$$ {}_1W_{22}{}^y=-\left\{\mathrm{III}-\frac{\alpha_1\bar{\alpha}_1}{N_1{}^2}\right\} $$

$$ {}_0W_{31}{}^y=-\frac{1}{2}\left\{\mathrm{II}-\left(\frac{\alpha_1}{N_1}\right)^2\right\} \tag{4.24d} $$

収差係数が求められている場合には，これらの関係を利用して，光線追跡を行なわなくても波面収差を近似的に求めることができる。図 4.9 はその場合の近似精度を示したもので，あるレンズの子午的切断面内（$\phi=0°$）の波面収差を，ここで述べた公式を使って計算し，追跡値と比較したものである。

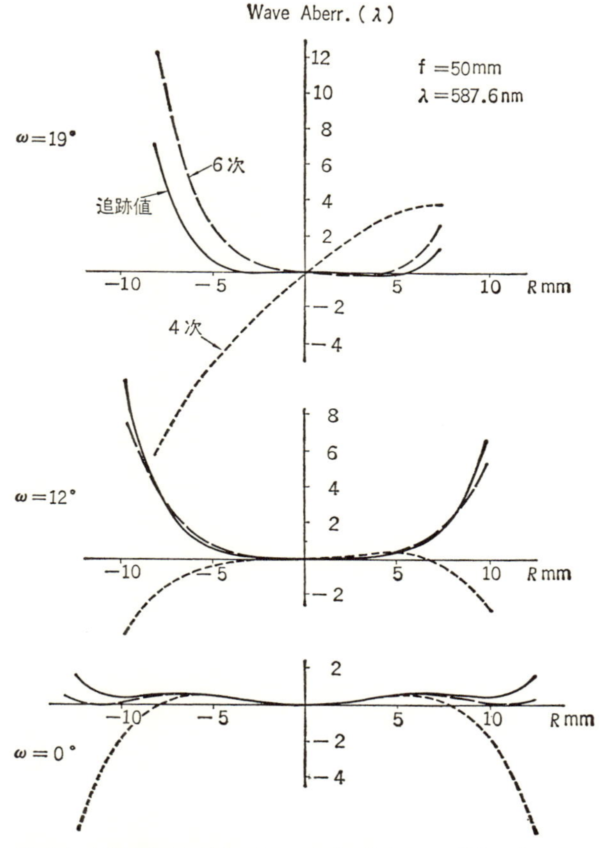

図 4.9 収差係数から計算した波面収差の精度，meridional 断面

4.4 収差論のレンズ設計への応用

収差論がレンズ設計で果し得る役割については 4.1 で述べたが，本当にそれを設計に役立たせようと思うならば，利用する設計者自身がそれなりの努力を払う必要がある。すなわち，これまでに示したような公式をそのまま使うというだけではなくて，それらの公式の意味する内容を常に吟味し，自分の身についた知識として積み上げて行かなければならない。収差論は理論としてはほ

ぼ確立しているけれども，その応用に関しては，まだ気付かれないで残されている面が多いと思われる。それを活用できるか否かは，設計者自身の努力いかんにかかっているといえる。以下述べることは，そういう意味では一応の手がかりを与えるに過ぎないものであることをお断りしておく。

A.　光学系の潜在性能の推定

(4.4)に示した形式の収差展開式では，個々の収差係数は $R=N_1 \tan \omega=1$ になるように正規化されているから，常に光学系の焦点距離が1になるような状態にして（これも一つの正規化であって，物体が無限遠にあるときには $\alpha_k{}'=1$ になる）収差係数を計算すれば，収差係数は光学系固有の性質を表わすものになり，その性能や収差補正の可能性について，大ざっぱな見通しが立てられる。たとえば，表 4.2 は口径比がそれぞれ 1：3.5，1：2.8，1：1.9 の3種類の Triplet について，3次収差係数の計算値を示したもので，いずれも焦点距離1についての値である。この表で，特に球面収差係数Ⅰに着目してみると，次のことがわかる。

i）全系についての値（$\sum \mathrm{I}_\nu$）は，明るいレンズほど小さい。

ii）各面についての値（I_ν）の絶対値も，明るいレンズほど平均して小さい。

iii）凸レンズの各面の I_ν の値は正の値（補正不足）をもち，凹レンズの各面は負の値（補正過剰）をもっていて，全系ではそれらが互いに打ち消し合うようになっている。

もし，既知の各種のレンズについて，収差係数の計算値の資料が揃っていれば収差係数の値から，そのレンズがどの程度の明るさで使用可能かといった推定ができる。一般に，3次収差の大きい面は，高次収差もそれに応じて大きいのが普通であるから，個々の面の収差係数の絶対値が小さく，しかも全系の値も小さいことが良好な収差補正のための基本的な条件であるといえる。

B.　収差に関する基礎概念の把握

光線追跡によって求めた収差は，限られた数の光線の計算値に基づくものであるから，収差係数によって表現される個々の収差の性質をよく理解しておけば，光線追跡の結果についていっそう精密な判断ができる。次に例を示す。

表 4.2 3 種の Triplet の 3 次収差係数

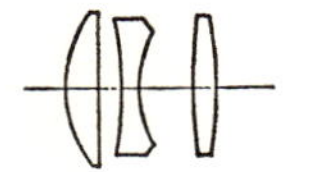

$f=1.0$, 1 : 3.5

$s_1=\infty$

$t_1=0.1909$

ν	Iν	IIν	IIIν	Pν	Vν
1	10.55745	0.95977	0.08725	1.35862	0.13144
2	5.54642	−3.67409	2.43381	−0.01914	−1.59955
3	−12.71469	5.94956	−2.78397	−0.47905	1.52686
4	−5.66204	−2.07329	−0.75918	−1.38961	−0.78683
5	0.11133	0.19974	0.35837	0.28137	1.14781
6	3.76833	−1.43798	0.54873	0.62124	−0.44646
Σ	1.60680	−0.07630	−0.11499	0.37343	−0.02672

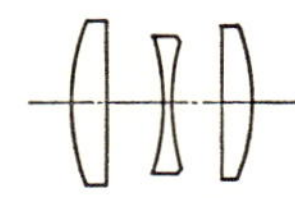

$f=1.0$, 1 : 2.8

$s_1=\infty$

$t_1=0.2$

ν	Iν	IIν	IIIν	Pν	Vν
1	2.87223	0.68411	0.16294	0.93246	0.26090
2	2.39998	−2.00218	1.67032	0	−1.39346
3	−9.05350	3.99087	−1.75922	−0.75019	1.10617
4	−2.77667	−1.73181	−1.08013	−0.91337	−1.24335
5	0.21368	0.37435	0.65583	0.13541	1.38620
6	7.59173	−1.33789	0.23578	0.96028	−0.21078
Σ	1.24745	−0.02255	−0.11448	0.36459	−0.09432

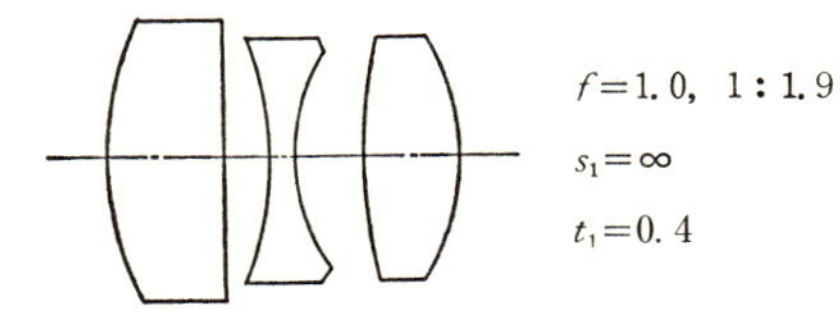

$f=1.0$, 1 : 1.9

$s_1=\infty$

$t_1=0.4$

ν	Iν	IIν	IIIν	Pν	Vν
1	0.99592	0.22538	0.05100	0.68168	0.16581
2	2.06969	−2.02430	1.97991	0.12250	−2.05630
3	−4.81228	3.17081	−2.08925	−0.59100	1.76602
4	−2.53613	−1.52820	−0.92085	−0.99151	−1.15233
5	0.44579	0.62212	0.86820	0.34370	1.69127
6	4.71148	−0.46804	0.04650	0.78368	−0.08247
Σ	0.87447	−0.00223	−0.06449	0.34905	0.33200

a. コマと溝状収差　溝状収差がコマ収差の一つの形態であるということについては 1.2.B.（p. 6～11）で述べたが，ここでその根拠を3次のコマの係数IIを例にとって説明しよう。(4.4) において，II以外の収差係数がすべて零であると仮定すると

$$\Delta y = -\{\mathrm{II}(N_1 \tan\omega)/(2\alpha_k')\}R^2(2+\cos 2\phi)$$
$$\Delta z = -\{\mathrm{II}(N_1 \tan\omega)/(2\alpha_k')\}R^2 \sin 2\phi$$

となるが，特定の画角については { } 内は定数になるので，これをCと置けば，上式は次のように書ける。

$$\begin{aligned}\Delta y &= -CR^2(2+\cos 2\phi)\\ \Delta z &= -CR^2 \sin 2\phi\end{aligned} \tag{4.25}$$

$R=0$ の場合，すなわち主光線については，$\Delta y=\Delta z=0$ になるが，R が零でない場合，種々のϕの値に対応して決まる（$\Delta y, \Delta z$）の画く図形は，図 4.10

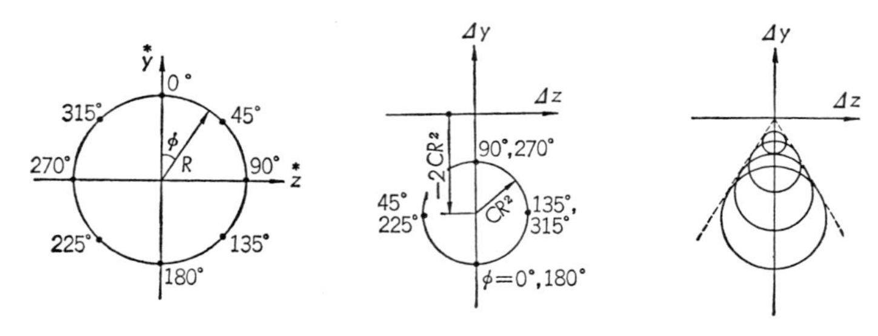

（a） 瞳座標　　（b） 一定のRに対する図形　（c） 種々のRに対する図形

図 4.10　コマ収差

に示したように，半径CR^2の円となり，しかもその円の中心は $\Delta y=-2CR^2$, $\Delta z=0$ の位置にある。さらに，この円はϕが 0° から 360° まで1回転する間に2回転する。このことから，IIの表わすコマ収差は次のような特徴をもっている。

i ）種々のRに対応する収差図形を重ね合わせると，頂角 60° のパターンになる。

ii ）子午的コマ，すなわち $\phi=0°$ または 180° に対応する Δy（Δz は零になる）は，球欠的コマ，すなわち $\phi=90°$ または 270° に対応する Δy

(このときも Δz は零になる) の3倍の大きさをもつ (図 4.11 参照)。

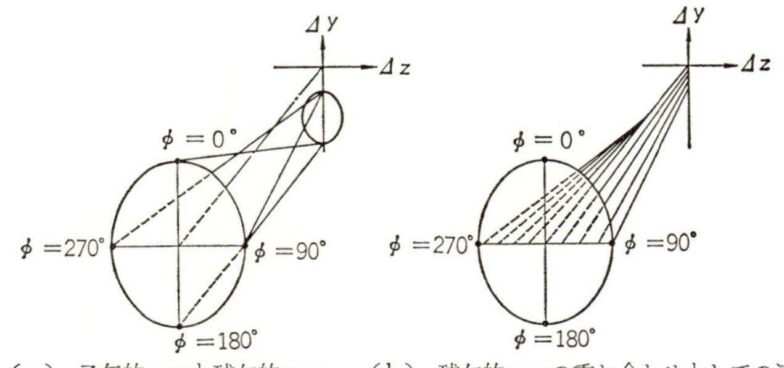

(a) 子午的コマと球欠的コマ (b) 球欠的コマの重ね合わせとしての溝状収差

図 4.11 コマ収差と溝状収差

iii) 種々の R に対応する球欠的コマの重ね合わせが溝状収差にほかならない。

以上の関係からわかるように, 3次収差の範囲で考える限り, 子午的コマを除去すれば球欠的コマ, すなわち溝状収差もおのずから除去されるはずである。しかし, 5次収差まで拡張して考えると, 非対称収差の種類も増え, それらの中には II_p のように溝状収差を作らないものも含まれてくるので, 実際の設計に際しては, 子午的コマと球欠的コマの双方に着目しない限り非対称収差を完全に除去することはできないのである。

b. Petzval sum と子午, 球欠像面彎曲 4.3.D. (p. 86〜93) で示した収差係数の計算公式における P_ν を光学系全体について合計した量, $P\equiv\sum_{\nu=1}^{k}P_\nu$ を Petzval sum と呼ぶ。(4.6a) あるいは (4.7a) より, 光学系全体の収差係数Ⅳは, この P を用いて $\mathrm{III}+P$ と置き換えられることがわかる。Petzval sum は, 光学設計で重要な量なので, 以下その意味する内容について説明しよう。

3次の収差係数 Ⅲ, Ⅳ と子午, 球欠像面彎曲 $\Delta M, \Delta S$ との関係は, (4.22) の第2, 第3式に示されている。これらの式で

$$N_1\tan\omega=(N_1y_1)/\hat{g}_1=\alpha_1y_1$$

と置き換えられるが, 一方

$$\alpha_k'=(N_k'h_k)/s_k'=N_k'/\hat{g}_k'$$

より $\hat{g}_k'=N_k'/\alpha_k'$ なる関係があるから，次のように書ける。

$$(\hat{g}_k'/N_k')(N_1\tan\omega)=(\alpha_1/\alpha_k')y_1=\beta y_1=\bar{y}_k'$$

ここに，$\bar{y}_k'$ は理想像高である。そこで（4.22）の第2，第3式は，3次の領域では

$$\Delta M=-\frac{\hat{g}_k'^2}{2N_k'}(3\mathrm{III}+P)(N_1\tan\omega)^2=-\frac{1}{2}N_k'(3\mathrm{III}+P)\bar{y}_k'^2$$

$$\Delta S=-\frac{\hat{g}_k'^2}{2N_k'}(\mathrm{III}+P)(N_1\tan\omega)^2=-\frac{1}{2}N_k'(\mathrm{III}+P)\bar{y}_k'^2 \qquad (4.26)$$

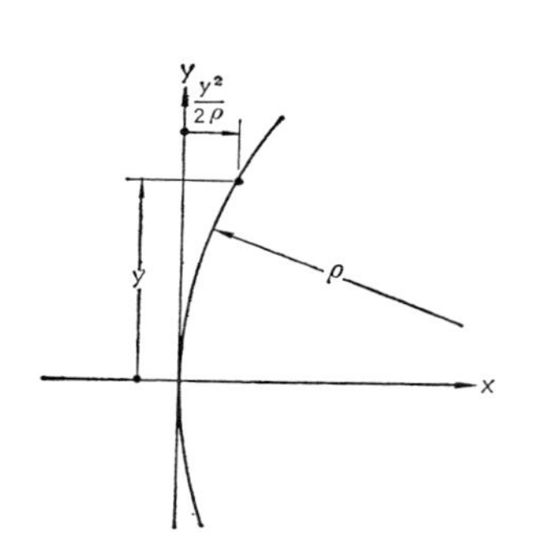

図 4.12　円弧の近似的表現

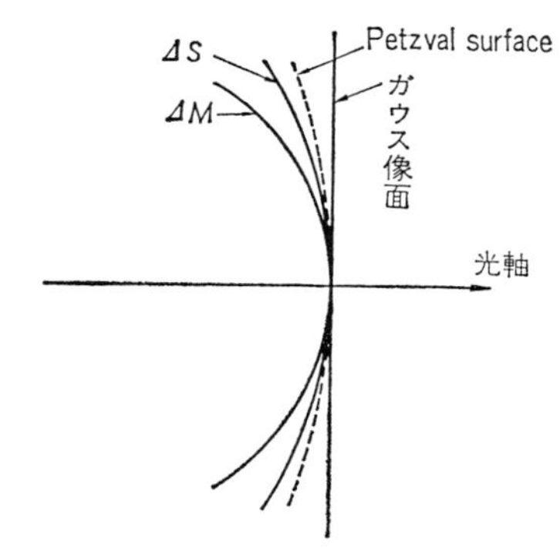

図 4.13　像面彎曲と **Petzval surface**

となる。ところで，図 4.12 に示すように，原点において y 軸に接する半径 ρ なる円弧は，近似的に $x \doteqdot y^2/(2\rho)$ で与えられることがよく知られており，この関係を（4.26）に当てはめて考えると，子午および球欠像面は，原点（近軸像点）においてガウス像平面に接する，半径がそれぞれ $1/\{N_k'(3\mathrm{III}+P)\}$ および $1/\{N_k'(\mathrm{III}+P)\}$ の円（実際には球面）になることがわかる。そして，$(3\mathrm{III}+P)$ あるいは $(\mathrm{III}+P)$ の値が正のとき，それぞれの像面は，レンズに向かって凹状に彎曲することになる。さらに，ここで半径が $1/(N_k'P)$ であるような仮想の球面を考えると，子午像面と球欠像面は，この仮想の球面に関して同じ側に存在し，かつそれから 3：1 の距離にあることが容易にわかる（図 4.13）。この仮想の表面のことを Petzval surface という。

光学系の収差を補正する方法に“bending”というのがある。これは，空気中に存在する単レンズの power を変えないように，両側面の曲率を同時に変えることを意味するのであるが，これをもっと広義に解釈すると，C. の b.（p. 114〜117）で述べる薄肉系（空気中に存在する単レンズもこの中に含まれる）において，power を一定に保ったまま形状を変えることに相当する。光学系の Petzval sum は，それを構成している薄肉系の power と密接に結びついており，power が一定に保たれていれば Petzval sum もまたほぼ一定に保たれる。一方非点収差の係数Ⅲの方は，当然薄肉系の形状とともに変化する。そこで，“bending”を行なうと，ΔM と ΔS とは3次の領域では 3 : 1 の比率で動くことになる。このことは，光学設計の最も基本的な常識の一つである。また，非点収差を少なくして像面を平担にするには，結局 Petzval sum P を小さくするほかないことは明らかであろう。上に述べたように，Petzval sum は光学系を構成する個々の薄肉系の power と密接に関係しているので，光学系の Petzval sum を小さく保つには，それを構成する薄肉系の power 配置が適切でなければならない。すなわち，Petzval sum の補正に関しては，設計の初期段階から考慮に入れなければならないことがわかる。

c. 収差論の公式から指摘される事項　4.3（p. 82〜105）に示した収差論の各種の公式をよく調べて見ると，その中から光学設計の常識として役立つ多くの事項を抽出することができる。それらをもれなく記述することはできないので，以下では 4.3. D.（p. 86〜93）で示した収差係数の計算公式，4.3. F.（p. 96）で示した入射瞳の移動に対する変換公式から抽出できる事項を例としてあげてみよう。

光学系の一つの面 ν の3次の収差係数に関しては，まず一般事項として

i ）球面収差の係数 I_ν と非点収差の係数 III_ν とは必ず同符号になる。

ii）h の絶対値が大きな値をもつ面ほど，球面収差やコマの係数に対して大きい影響力をもつ。

iii）$\bar{h}$ の絶対値が大きな値をもつ面ほど，換言すれば，瞳から遠い位置にある面ほど，歪曲や非点収差の係数に対して大きい影響力をもつ。

特に面が球面の場合には

iv）光学系の一つの面νについては，単色光に関する5個の係数のうち，3個だけが独立で，他はおのずから定まってしまう。

v）$\Delta_\nu\left(\frac{1}{Ns}\right)=0$ の面（これを aplanatic surface という）については，球面収差，コマ，非点収差の係数がすべて零になる。

vi）$Q=0$（物体が面の曲率中心にある場合に対応する）になる面については，球面収差とコマの係数が零になる。

vii）$\overline{Q}=0$（瞳が面の曲率中心にある場合に対応する）になる面については，コマと非点収差と歪曲の係数が零になる。

また，光学系全体の3次収差係数に関しては

viii）光学系全体についての球面収差係数が零でない場合には，瞳を移動させることによって，コマの係数を消失させることが可能であるが，球面収差係数が零の場合には，瞳を移動させてもコマの係数は変わらない。

ix）aplanatic な光学系，すなわち球面収差とコマの係数が零であるような光学系では，瞳を移動させても非点収差係数は変わらない。

一方，5次収差係数に関する公式は一般に複雑であるから，これから設計の常識になる具体的事項を抽出することは困難で，きわめて一般的な傾向を指摘できるだけである。すなわち

x）一つの面の3次収差係数が，その面前後の近軸関係によって完全に決まるのに対して，5次収差係数は，前後の近軸関係が不変でも，先行する面の3次収差によって影響を受ける。

xi）軸外に関係する5次収差係数も，一般に瞳の移動に伴って変化する。

この xi）は，もっともらしく記述することが馬鹿げているほど当然のように思われるかも知れない。しかし，実際にはこの一見当然のことも，意識して次のように使えば案外役に立つのである。

xii）瞳位置のわからない光学系の性能を調べるような場合，任意の瞳位置についての収差係数を計算すればその値からその光学系の最適瞳位置の見当がつけられる。

xiii) 軸外に関係する特定の5次収差係数の補正が困難であるような場合，瞳位置を移動させることによって新たな可能性の見出されることがある。

C. 光学系の形状決定への応用

光学設計のある段階から以後では，光学系の形状が何らかの方法ですでに求められていて，それを性能的にさらに高度なものに仕上げて行くということが問題であるけれども，設計の初期段階では，まだ光学系のだいたいの形すら決まっていないのであるから，何かをよりどころにして，出発点となるべき光学系の形を作り出さなければならない。このような場合，一定期間内に，考えられる限りの可能性の中から妥当な形状を選び出すことができるためには，計算精度よりも見通しのきくことが先決であって，場合によっては大胆な近似をあえてすることも必要になる。こういった面で収差論がどのように役立つか，以下簡単に述べて見よう。

a. 近軸関係と3次収差の独立性　4.4.B. の c. (p. 111～113) で述べたように，光学系の個々の面の3次収差係数は，その面が置かれている前後の近軸関係によって決まるから，光学系の中の一部分に変形を与えてもその前後の近軸関係が変らないようにくふうすれば，その他の部分の3次収差係数には何ら影響を及ぼさないはずである。この3次収差係数の性質に着目すると，設計手順を簡単化できる。

光学系の基本的な近軸関係を崩さないで，それを構成している各部分系の形状を変更する方法については，すでに2.9 (p. 30～36) で具体例をあげて説明した。光学系全体を何個かの部分系の組み合わせと考えた場合，個々の部分系の power と部分系相互の主点間隔さえ一定であれば，部分系の形状がどのように変わっても，相互の近軸関係を不変に保つことができる。そのためには，各部分系に具体的な形状を与えるに先立って，部分系の系列を通して，収差係数の計算に必要な2本の近軸光線を追跡しておき，この骨組ともいうべき近軸関係が終始維持されるように処理する必要がある。すなわち，任意の部分系に具体的な形を与えたら（もちろん，その power は指定値どおり維持されるものとする），上記の骨組としての近軸関係を満足するように，その部分系を通して２本の近軸光線を追跡して３次収差係数を計算するのである。このようにすれば，個々の部分系について，他の部分系とは独立に，種々の形に対応する３次収差係数を計算することができる。そして光学系全体の３次収差係数の値は，単に各部分系の収差係数の値を加え合わせればよい。設計の初期段階では，各部分系について，形状の多くのヴァリエーションの中から最適のものを選び出す必要があるからこのように部分系ごとに独立に検討ができることはきわめて都合がよい。

b.　薄肉系の３次収差の公式　設計の初期，光学系の形状決定を合理的に行なうためには，３次収差係数の値を指定し，それを満足する形状を解析的に求めることがどうしても必要になる。そのためには，光学系の３次収差係数と形状を表わすパラメータとが explicit に結びつけられねばならない。それを可能にするのがここで取り扱う薄肉系の理論である。

一つの光学系の中には，互いに接近して存在する面の集まりが何群かあって，それら個々の群に属する面については，相互の面間隔を零として取り扱っても，３次収差の傾向をつかむという目的には使える。この場合，一つの群を構成する各面の近軸入射高 $h_\nu, \bar{h}_\nu$ としては共通の値（区別するために $\mathfrak{h}, \bar{\mathfrak{h}}$ で表わす）を与えることができるので，３次収差係数の計算式を見通しのよい形に整理することができる。このように，相互の間隔を零と見なした一群の面の集まりを薄肉系と呼ぶ。任意の光学系は，必ず近似的に何群かの薄肉系の組み合わせとして考えることができる。a.（前頁）で述べた部分系として，このような薄肉系に置換できるものを選べば，形状決定を一貫して合理的に行なうことができる。

今，光学系の中の任意の一つの薄肉系について考えることにし，

$\mathfrak{m}$：光学系の中での薄肉系の番号

ν：面番号，薄肉系 $\mathfrak{m}$ に属する面を $\nu(\mathfrak{m})$ で表わす。

$N_\mathfrak{m}$：薄肉系 $\mathfrak{m}$ の前の媒質の屈折率

$N_\mathfrak{m}'$：薄肉系 $\mathfrak{m}$ の後の媒質の屈折率

と表わすことにすれば，薄肉系 $\mathfrak{m}$ の３次収差係数は次式の形にまとめられる。

$$\mathrm{I}_{\mathrm{m}}=\mathfrak{h}_{\mathrm{m}}{}^{4}\mathfrak{A}_{\mathrm{m}}$$

$$\mathrm{II}_{\mathrm{m}}=\mathfrak{h}_{\mathrm{m}}{}^{3}\bar{\mathfrak{h}}_{\mathrm{m}}\mathfrak{A}_{\mathrm{m}}+\mathfrak{h}_{\mathrm{m}}{}^{2}\mathfrak{B}_{\mathrm{m}}$$

$$\mathrm{III}_{\mathrm{m}}=\mathfrak{h}_{\mathrm{m}}{}^{2}\bar{\mathfrak{h}}_{\mathrm{m}}{}^{2}\mathfrak{A}_{\mathrm{m}}+2\mathfrak{h}_{\mathrm{m}}\bar{\mathfrak{h}}_{\mathrm{m}}\mathfrak{B}_{\mathrm{m}}+\frac{1}{\mathfrak{h}_{\mathrm{m}}}\left(\frac{\alpha'_{\mathrm{m}}}{N_{\mathrm{m}}{}'^{2}}-\frac{\alpha_{\mathrm{m}}}{N_{\mathrm{m}}{}^{2}}\right)$$

$$\mathrm{IV}_{\mathrm{m}}=\mathrm{III}_{\mathrm{m}}+P_{\mathrm{m}}$$

$$\mathrm{V}_{\mathrm{m}}=\mathfrak{h}_{\mathrm{m}}\bar{\mathfrak{h}}_{\mathrm{m}}{}^{3}\mathfrak{A}_{\mathrm{m}}+3\bar{\mathfrak{h}}^{2}\mathfrak{B}_{\mathrm{m}}+3\frac{\bar{\mathfrak{h}}_{\mathrm{m}}}{\mathfrak{h}_{\mathrm{m}}{}^{2}}\left(\frac{\alpha_{\mathrm{m}}{}'}{N_{\mathrm{m}}{}'^{2}}-\frac{\alpha_{\mathrm{m}}}{N_{\mathrm{m}}{}^{2}}\right)+\frac{\bar{\mathfrak{h}}_{\mathrm{m}}}{\mathfrak{h}_{\mathrm{m}}}P_{\mathrm{m}}$$
$$-\frac{1}{\mathfrak{h}_{\mathrm{m}}{}^{2}}\left(\frac{1}{N_{\mathrm{m}}{}'^{2}}-\frac{1}{N_{\mathrm{m}}{}^{2}}\right)$$

ただし $\mathfrak{A}_{\mathrm{m}}=\sum_{\nu(\mathrm{m})}\mathfrak{A}_{\nu}$, $\mathfrak{B}_{\mathrm{m}}=\sum_{\nu(\mathrm{m})}\mathfrak{B}_{\nu}$, $P_{\mathrm{m}}=\sum_{\nu(\mathrm{m})}P_{\nu}$　(4.27)

この式で P_{ν} は (4.5) で示したと同じ Petzval 項であり，また $\mathfrak{A}_{\nu}$ と $\mathfrak{B}_{\nu}$ とは，個々の面について，次に示す公式により計算される量である。P_{ν} も念のため付記する。

$$\mathfrak{A}_{\nu}\equiv Q_{\nu}{}^{2}\varDelta_{\nu}\left(\frac{1}{Ns}\right)+\psi_{\nu}=\left\{\frac{N_{\nu}}{N_{\nu}'(N_{\nu}'-N_{\nu})}\right\}^{2}\varphi_{\nu}{}^{3}$$
$$-\frac{N_{\nu}'+3N_{\nu}}{N_{\nu}'^{2}(N_{\nu}'-N_{\nu})}\varphi_{\nu}{}^{2}\left(\frac{\alpha_{\nu}}{\mathfrak{h}_{\mathrm{m}}}\right)+\frac{2N_{\nu}'+3N_{\nu}}{N_{\nu}'^{2}N_{\nu}}\varphi_{\nu}\left(\frac{\alpha_{\nu}}{\mathfrak{h}_{\mathrm{m}}}\right)^{2}$$
$$-\frac{N_{\nu}'^{2}-N_{\nu}{}^{2}}{N_{\nu}'^{2}N_{\nu}{}^{2}}\left(\frac{\alpha_{\nu}}{\mathfrak{h}_{\mathrm{m}}}\right)^{3}+\psi_{\nu}$$

$$\mathfrak{B}_{\nu}\equiv Q_{\nu}\varDelta_{\nu}\left(\frac{1}{Ns}\right)=\frac{N_{\nu}}{N_{\nu}'^{2}(N_{\nu}'-N_{\nu})}\varphi_{\nu}{}^{2}$$
$$-\frac{N_{\nu}'+2N_{\nu}}{N_{\nu}'^{2}N_{\nu}}\varphi_{\nu}\left(\frac{\alpha_{\nu}}{\mathfrak{h}_{\mathrm{m}}}\right)+\frac{N_{\nu}'^{2}-N_{\nu}{}^{2}}{N_{\nu}'^{2}N_{\nu}{}^{2}}\left(\frac{\alpha_{\nu}}{\mathfrak{h}_{\mathrm{m}}}\right)^{2}$$

$$P_{\nu}=\frac{\varphi_{\nu}}{N_{\nu}'N_{\nu}} \tag{4.28}$$

ここに，φ_{ν} は面の power で，φ_{m} を薄肉系全体の power とするとき，$\varphi_{\mathrm{m}}=\sum_{\nu(\mathrm{m})}\varphi_{\nu}$ なる関係がある。(4.28) は個々の面について計算する式であるが，もし薄肉系の中に単レンズが含まれているときには，その単レンズについてはその両側の面をまとめて次の式により計算できる。

$$\mathfrak{A}_l=\left(\frac{N_l}{N_l-1}\right)^2\varphi_l^3+\frac{3N_l+1}{N_l-1}\varphi_l^2\left(\frac{\alpha_l}{\mathfrak{h}_m}\right)+\frac{3N_l+2}{N_l}\varphi_l\left(\frac{\alpha_l}{\mathfrak{h}_m}\right)^2$$

$$-\frac{1}{r_l}\left\{\frac{2N_l+1}{N_l-1}\varphi_l^2+\frac{4(N_l+1)}{N_l}\varphi_l\left(\frac{\alpha_l}{\mathfrak{h}_m}\right)\right\}$$

$$+\left(\frac{1}{r_l}\right)^2\frac{N_l+2}{N_l}\varphi_l+\psi_l$$

$$\mathfrak{B}_l=-\frac{N_l}{N_l-1}\varphi_l^2-\frac{2N_l+1}{N_l}\varphi_l\left(\frac{\alpha_l}{\mathfrak{h}_m}\right)+\frac{1}{r_l}\frac{N_l+1}{N_l}\varphi_l$$

$$P_l=\frac{\varphi_l}{N_l} \tag{4.29}$$

ここに，suffix l は単レンズ l についての値であることを表わすもので，

φ_l：単レンズ l の power

α_l：単レンズ l に入射する近軸光線の α

N_l：単レンズ l を構成するガラスの屈折率

r_l：単レンズ l の前側面の曲率半径

ψ_l：単レンズ l の両側の面の非球面係数 ψ_ν の合計

である。特に薄肉系 $\mathfrak{m}$ の両側の媒質が空気である場合（この場合，薄肉系は単レンズの集まりから成る），$N_m=N_m'=1$ であるから（4.27）は次のように簡単になる。

$$\mathrm{I}_m=\mathfrak{h}_m^4\mathfrak{A}_m$$

$$\mathrm{II}_m=\mathfrak{h}^3{}_m\bar{\mathfrak{h}}_m\mathfrak{A}_m+\mathfrak{h}_m^2\mathfrak{B}_m$$

$$\mathrm{III}_m=\mathfrak{h}_m^2\bar{\mathfrak{h}}_m^2\mathfrak{A}_m+2\mathfrak{h}_m\bar{\mathfrak{h}}_m\mathfrak{B}_m+\varphi_m$$

$$\mathrm{IV}_m=\mathrm{III}_m+P_m$$

$$\mathrm{V}_m=\mathfrak{h}_m\bar{\mathfrak{h}}_m^3\mathfrak{A}_m+3\bar{\mathfrak{h}}_m^2\mathfrak{B}_m+\frac{\bar{\mathfrak{h}}_m}{\mathfrak{h}_m}(3\varphi_m+P_m) \tag{4.30}$$

色収差係数 L と T とに関しては，（4.27）に対応する関係式として次式が成り立つ。

$$L_{\mathfrak{m}}=\mathfrak{h}_{\mathfrak{m}}{}^2\mathfrak{E}_{\mathfrak{m}}-\mathfrak{h}_{\mathfrak{m}}\left\{\frac{N_{\mathfrak{m}}'-1}{N_{\mathfrak{m}}'}\frac{\alpha_{\mathfrak{m}}'}{\nu_{\mathfrak{m}}'}-\frac{N_{\mathfrak{m}}-1}{N_{\mathfrak{m}}}\frac{\alpha_{\mathfrak{m}}}{\nu_{\mathfrak{m}}}\right\}$$

$$T_{\mathfrak{m}}=\mathfrak{h}_{\mathfrak{m}}\bar{\mathfrak{h}}_{\mathfrak{m}}\mathfrak{E}_{\mathfrak{m}}-\mathfrak{h}_{\mathfrak{m}}\left\{\frac{N_{\mathfrak{m}}'-1}{N_{\mathfrak{m}}'}\frac{\bar{\alpha}_{\mathfrak{m}}'}{\nu_{\mathfrak{m}}'}-\frac{N_{\mathfrak{m}}-1}{N_{\mathfrak{m}}}\frac{\bar{\alpha}_{\mathfrak{m}}}{\nu_{\mathfrak{m}}}\right\}$$

$$\mathfrak{E}_{\mathfrak{m}}=\sum_{\nu(\mathfrak{m})}\mathfrak{E}_{\nu} \tag{4.31}$$

ここに，$\nu_{\mathfrak{m}}$ および $\nu_{\mathfrak{m}}'$ はそれぞれ薄肉系 $\mathfrak{m}$ の前後の媒質の Abbe 数*である。また，$\mathfrak{E}_{\nu}$ は図 4.14 に示した意味をもつ $\hat{\varphi}_{\nu}$ と $\hat{\varphi}_{\nu}'$ ($\hat{\varphi}_{\nu}+\hat{\varphi}_{\nu}'=\varphi_{\nu}$ に注意）を用いて，次により計算される量である。

$$\mathfrak{E}_{\nu}=\frac{\hat{\varphi}_{\nu}}{\nu_{\nu}}+\frac{\hat{\varphi}_{\nu}'}{\nu_{\nu}'} \tag{4.32}$$

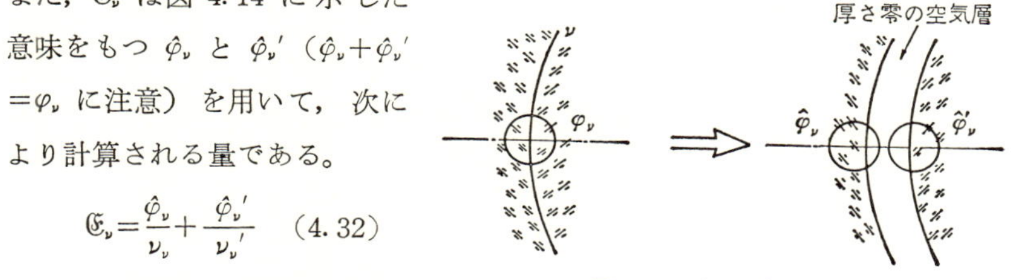

図 4.14　$\hat{\varphi}_{\nu}$ と $\hat{\varphi}_{\nu}'$ の意味

もし ν 面の前の媒質が空気ならば $\hat{\varphi}_{\nu}\equiv0$, $\hat{\varphi}_{\nu}'\equiv\varphi_{\nu}$, 逆に後の媒質が空気ならば $\hat{\varphi}_{\nu}\equiv\varphi_{\nu}$, $\hat{\varphi}_{\nu}'\equiv0$ である。(4.29) に対応して，単レンズの両側の面をまとめると次式が成り立つ。

$$\mathfrak{E}_{l}=\frac{\varphi_{l}}{\nu_{l}} \tag{4.33}$$

ここに，ν_{l} は単レンズを構成するガラスの Abbe 数である。

(4.30) に対応する $N_{\mathfrak{m}}=N_{\mathfrak{m}}'=1$ の場合，(4.31) は次のように簡単になる。

$$\left.\begin{aligned}L_{\mathfrak{m}}&=\mathfrak{h}_{\mathfrak{m}}{}^2\mathfrak{E}_{\mathfrak{m}}=\mathfrak{h}_{\mathfrak{m}}{}^2\sum_{l(\mathfrak{m})}\frac{\varphi_{l}}{\nu_{l}}\\ T_{\mathfrak{m}}&=\mathfrak{h}_{\mathfrak{m}}\bar{\mathfrak{h}}_{\mathfrak{m}}\mathfrak{E}_{\mathfrak{m}}=\mathfrak{h}_{\mathfrak{m}}\bar{\mathfrak{h}}_{\mathfrak{m}}\sum_{l(\mathfrak{m})}\frac{\varphi_{l}}{\nu_{l}}\end{aligned}\right\} \tag{4.34}$$

c.　薄肉系の公式の吟味　C. の b. (p. 114〜117) に示した各式は，一見必ずしも簡単ではないが，それらの意味する内容を吟味してみると，設計の初期段階で役立つ多くの示唆を含んでいる。

---

* $N_{\mathfrak{m}}, N_{\mathfrak{m}}'$ の屈折率偏差（波長のズレに対する屈折率の偏差）を $\delta N_{\mathfrak{m}}, \delta N_{\mathfrak{m}}'$ とするとき $\nu_{\mathfrak{m}}=\dfrac{N_{\mathfrak{m}}-1}{\delta N_{\mathfrak{m}}}$, $\nu_{\mathfrak{m}}'=\dfrac{N_{\mathfrak{m}}'-1}{\delta N_{\mathfrak{m}}'}$ である。

まず，薄肉系$\mathfrak{m}$の3次収差係数を表わす式（4.27）または（4.30）において$\mathfrak{A}_{\mathfrak{m}}$, $\mathfrak{B}_{\mathfrak{m}}$, $P_{\mathfrak{m}}$ という3個の量以外は，形状決定の段階では，すべて定数として与えられていると考えることができる。そうすると薄肉系$\mathfrak{m}$の形状を変えた場合の3次収差係数の変化は，必ず $\mathfrak{A}_{\mathfrak{m}}$, $\mathfrak{B}_{\mathfrak{m}}$, $P_{\mathfrak{m}}$ を媒介にして変わる。すなわち薄肉系の内部で行なわれる形状の変化は，3次収差の領域では，すべてこれら，3個の媒介変数の中に集約されることになる。これらの中，$P_{\mathfrak{m}}$ はいうまでもなく Petzval 項であるが，$\mathfrak{A}_{\mathfrak{m}}$ と $\mathfrak{B}_{\mathfrak{m}}$ のもつ意味は（4.27）または（4.30）から推論できる。たとえば，（4.27）で $\mathfrak{h}_{\mathfrak{m}}=1, \bar{\mathfrak{h}}_{\mathfrak{m}}=0$ とおけば

$$\mathrm{I}_{\mathfrak{m}}=\mathfrak{A}_{\mathfrak{m}}$$

$$\mathrm{II}_{\mathfrak{m}}=\mathfrak{B}_{\mathfrak{m}}$$

$$\mathrm{III}_{\mathfrak{m}}=\frac{\alpha_{\mathfrak{m}}'}{N_{\mathfrak{m}}'^{2}}-\frac{\alpha_{\mathfrak{m}}}{N_{\mathfrak{m}}^{2}}$$

$$\mathrm{V}_{\mathfrak{m}}=-\left(\frac{1}{N_{\mathfrak{m}}'^{2}}-\frac{1}{N_{\mathfrak{m}}^{2}}\right)$$

となる。あるいは，両側の媒質が空気である（4.30）の場合には，一層簡単になって $\mathrm{III}_{\mathfrak{m}}=\varphi_{\mathfrak{m}}$, $\mathrm{V}_{\mathfrak{m}}=0$ になる。いずれにしても，このような条件のもとでは，$\mathrm{III}_{\mathfrak{m}}$ と $\mathrm{V}_{\mathfrak{m}}$ とは形状変化に無関係な定数となってしまう。このことから$\mathfrak{A}_{\mathfrak{m}}$ と $\mathfrak{B}_{\mathfrak{m}}$ のもつ意味が次のようなものであることがわかる。すなわち，これらは $\mathfrak{h}_{\mathfrak{m}}=1, \bar{\mathfrak{h}}_{\mathfrak{m}}=0$ なる条件のもとでの球面収差とコマの係数をそれぞれ表わしているのである。$\bar{\mathfrak{h}}_{\mathfrak{m}}=0$ ということは，瞳が薄肉系$\mathfrak{m}$の位置に存在することを意味しているが，そのような場合には，非点収差係数 $\mathrm{III}_{\mathfrak{m}}$ が形状変化に関係せず一定であること，さらに，薄肉系の両側の媒質が空気の場合，その値が薄肉系の power そのものであることも以上のことから指摘できる。

結局，一つの薄肉系に関しては，3次収差係数としてとりうる値の自由度はたかだか3であるということができる。しかも，Petzval 項 $P_{\mathfrak{m}}$ は，素材であるガラスの選択によって変わりうるに過ぎず，変動区域がきわめて限られていることを考えると，自由度はむしろ2に近いといってさしつかえないであろう。このことは，設計上重要な示唆を含んでいる。まず，5個の3次収差係数のす

べてを満足させるためには，光学系全体を少なくとも2個以上の薄肉系の組み合わせとして構成しなければならず，しかも power 配置は Petzval sum の条件を考慮しながら決めなければならないことが指摘される。また，ある条件を満たす薄肉系の一つの形状が実在するならば，それと3次収差係数が同等な別の形状は必ず存在するし，また容易に作ることもできるであろう。なぜなら，5個の係数の中，2個を等しい価にすれば，他は必然的に等しい価になるからである。

一方，薄肉系の色収差を表わす式（4.31）において，右辺の第2項は薄肉系の power 配置が決定され，薄肉系間の媒質が決められると単なる定数になり，個々の薄肉系内部でのガラスの変更や接合面の曲率変更といったことには無関係になる。そして，薄肉系前後の媒質が空気の場合にこの項が消失することは，(4.34)をみれば明らかである。また，薄肉系 $\mathfrak{m}$ 内部でのガラスや接合面の変更が，色収差係数 L と T に与える影響は，すべて媒介変数 $\mathfrak{E}_{\mathfrak{m}}$ の中に集約されていることも明らかであろう。$\mathfrak{E}_{\mathfrak{m}}$ の値をコントロールするには，（4.31）の最後の式と（4.32）あるいは（4.33）をみればわかるように，薄肉系内部を少なくとも2種類の異なる材質で構成する必要がある。そしてその場合，$\mathfrak{E}_{\mathfrak{m}}$ の値は各材質の total power（同一材質で構成されるすべての $\hat{\varphi}_{\mathfrak{v}}, \hat{\varphi}_{\mathfrak{v}}', \varphi_{\mathfrak{v}}$ などの代数和）が一定でありさえすれば，不変に保たれる。そこで，色収差を変えないで3次収差係数をコントロールするには，各材質の total power を変えないように変形を与えればよい（これは広義の“bending”である）。

d. 形状決定の実例（1）Triplet　光学系を構成する個々の薄肉系の形状決定が実際にどのように行なわれるか，公式の説明だけでは何となくピンとこないと思うので，この辺で簡単なレンズタイプを例にとって形状決定の手順を具体的に述べてみよう。まず球面のみから成る Triplet を取り上げてみる。

薄肉系の公式を活用して光学系の最初のラフな形状決定を試みる場合には，光学系を構成する薄肉系の power 配置まで含めて検討しなければならない。一般に，形状決定の結果として得られる解の良否は，当然 power 配置にも左右されるので，power 配置をいろいろ変えては形状決定を行なってみて，良いものを選ぶという過程をふむことがどうしても必要になるからである。

さて，Triplet の場合には，光学系は3個の薄肉系から成り，しかも各薄肉系がいずれも単レンズで構成されている。図 4.15 に示すように，Triplet の power 配置は5個の量 $\varphi_1, \varphi_2, \varphi_3$, e_1', e_2' によって表わされるから，これらを決定するには次に示す5個の条件を指定してやる必要がある。

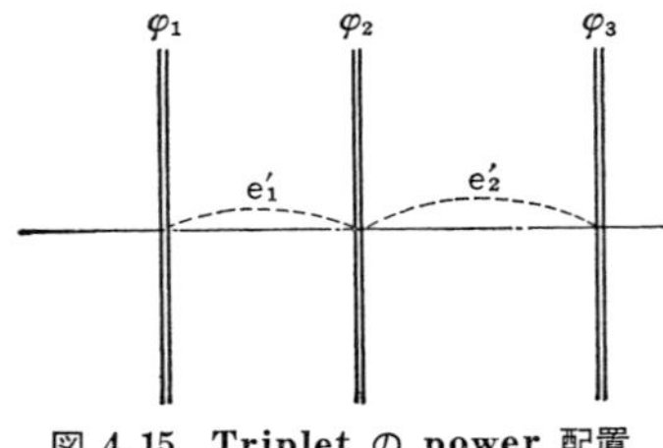

図 4.15 Triplet の power 配置

total power の条件：

$$\varphi \equiv \varphi_1 + \varphi_2 + \varphi_3 - e_1'\varphi_1(\varphi_2 + \varphi_3) - e_2'\varphi_3(\varphi_1 + \varphi_2) + e_1'e_2'\varphi_1\varphi_2\varphi_3 \quad (4.35a)$$

Petzval sum に関連した条件：

$$\sum \varphi = \varphi_1 + \varphi_2 + \varphi_3 \quad (4.35b)$$

光学系の全厚：

$$L \equiv e_1' + e_2' \quad (4.35c)$$

前後の power のバランスに関する条件：

$$\kappa \equiv e_1'\varphi_1 - e_2'\varphi_3 \quad (4.35d)$$

第2部分系の位置をきめる条件：

$$\varepsilon \equiv e_2'/e_1' \quad (4.35e)$$

ここで，(4.35a) は Triplet 全系の power を特定の値 φ にするための条件式で，(2.19b) から容易に導かれるものである。power 配置の決定の際に忘れてならないことは，Petzval sum $\sum P = \varphi_1/N_1 + \varphi_2/N_2 + \varphi_3/N_3$ を小さく保つようにすることであるが，ガラスの屈折率の変動範囲が限られていることから直接 $\sum P$ に着目しなくても (4.35b) に示した $\sum \varphi$ なる量をある小さな値に保つことで置き換えられる。また，(4.35c) の全厚は，Triplet のFナンバーや画角と密接に関係があるので，適切な値を指定してやるためには，既知の Triplet を解析してみる必要がある。残りの (4.35d) と (4.35e) とは単なるパラメータと考えればよく，最初の3条件が一定でも，これらの選び方で若干違った解が得られる。ただし，(4.35d) の κ の与え方いかんによっては，倍率の色収差の補正が困難になるから注意を要する。一般に，κ としては，零を中心にしたある範囲の値が妥当であることが経験的に知られている。5個の量 $\varphi, \sum\varphi, L, \kappa, \varepsilon$ の値が指定されると，(4.35a) ないし (4.35e) を連立させて解くことにより，求める $\varphi_1, \varphi_2, \varphi_3$, e_1', e_2' が3次方程式の解として得られる(一般に，3組の解のうち1組だけが使える)。表 4.3 は，口径比 1：3.5 クラスの Triplet について検討するための計算例で，$\varphi=1, \sum\varphi=0.62, L=0.24, \kappa=0$ といった量を一定にして，ε のみ 1.5 から 1.1 まで変化させた場合に得られる power 配置を示している。

power 配置が決定したら，2本の近軸光線を追跡したのち，色収差を検討してガラスを決定し，形状決定に移る訳であるが，その際，3次収差係数の目標値として，厚肉にした場合の誤差を見込んでおけば検討の精度を高めることができる。このような誤差がどの程度のものであるかは，あらかじめ既知の Triplet について解析すれば知ることができる。また，形状決定に際しては，第1薄肉系の位置に瞳を一致させておくと，公式が簡単になって計算が楽であ

表 4.3 Triplet の Power 配置の決定

$\varphi=1$, $\sum\varphi=0.62$, $L=0.24$, $\kappa=0$

ε	1.5	1.4	1.3	1.2	1.1
e_1'	0.096	0.1	0.1044	0.1091	0.1143
e_2'	0.144	0.14	0.1356	0.1309	0.1257
φ_1	2.2087	2.1397	2.0669	1.9898	1.9075
φ_2	−3.0612	−3.0481	−3.0369	−3.0279	−3.0218
φ_3	1.4725	1.5284	1.5900	1.6581	1.7343

表 4.4 薄肉 Triplet の近軸追跡

$\varphi_1=2.0669$　$e_1'=0.1044$
$\varphi_2=-3.0369$　$e_2'=0.1356$
$\varphi_3=1.5900$

	α_m'	$\mathfrak{h}_m$	$\bar{\alpha}_m'$	$\bar{\mathfrak{h}}_m$
0	0		−1.0	
1	2.0669	1.0	−1.0	0
2	−0.3150	0.7843	−1.3169	0.1044
3	1.00000	0.8271	−0.8670	0.2830

る。もちろん，実際の瞳位置は全系の中央付近にある訳であるが，この間のズレは瞳の移動の公式により，あらかじめ見込んでおくことができる。表 4.4 は表 4.3 に示した power 配置の一つについて，近軸追跡を行なった結果を示したものである。

色収差係数の検討には，次の公式を用いればよい。

$$L=\frac{\mathfrak{h}_1{}^2\varphi_1}{\nu_1}+\frac{\mathfrak{h}_2{}^2\varphi_2}{\nu_2}+\frac{\mathfrak{h}_3{}^2\varphi_3}{\nu_3}$$
$$T=\frac{\mathfrak{h}_1\bar{\mathfrak{h}}_1\varphi_1}{\nu_1}+\frac{\mathfrak{h}_2\bar{\mathfrak{h}}_2\varphi_2}{\nu_2}+\frac{\mathfrak{h}_3\bar{\mathfrak{h}}_3\varphi_3}{\nu_3} \qquad (4.36)$$

表 4.4 の例について，目標値を $L=0.0048$，$T=0$ とするとき，任意に $\nu_2=36.9$ ととれば，$\nu_1=57.8$，$\nu_3=55.2$ となる。もし使用するガラスとして，たとえば $N_1\fallingdotseq N_2\fallingdotseq N_3\fallingdotseq 1.62$ もしくは 1.67 といったものを使うことにすれば，あとで色収差を満足するように，自由に ν の異なるガラスを選べるから色収差の検討は単にチェックする程度でよい。

さて，形状決定を行なうために，表 4.4 の例について，$N_1=N_2=N_3=1.62$ として (4.29) および (4.30) を計算し，全系について収差係数ごとにまとめたのが表 4.5(a) であって，各収差係数が各薄肉レンズの前側面の曲率 $1/r_1$, $1/r_2$, $1/r_3$ の2次の関数として表わされている。瞳が第1薄肉系の位置にある関係で，収差係数IIIとVにおける $1/r_1$ の項は完全に消失し，またIIにおいても $1/r_1$ の1次の項だけが残存していることがわかる。

ここで，収差係数の目標値を設定して形状決定に移る。目標値としては，厚肉に移行する際の誤差や瞳のズレの誤差を見込んで $\sum\mathrm{I}\fallingdotseq 3.0$, $\sum\mathrm{II}\fallingdotseq -0.18$, $\sum\mathrm{III}\fallingdotseq 0.13$, $\sum\mathrm{V}\fallingdotseq -0.02$ と設定することにしよう。形状決定は次のように try & error を繰り返して行なう。まず最初，任意に $1/r_3=0$ と置いてみる。そうすると，$\sum\mathrm{III}$ は $1/r_2$ のみの2次の関数になるから，これを解いて $1/r_2=-2.1164$ を得る。$1/r_2$ と $1/r_3$ が決まると $\sum\mathrm{V}$ の値も決まり，$\sum\mathrm{V}=-0.1522$ となる。次に，$1/r_3=1.0$ と置いてみて同じことを繰り返し，そのときの $\sum\mathrm{V}$ を計算する。このように，数回反復して $\sum\mathrm{V}$ がほぼ目標どおりに

表 4.5 Triplet の形状決定

（a） 形状決定のための3次収差式

$$N_1=N_2=N_3=1.62$$

$$\sum X=A+\left\{B\frac{1}{r_1}+C\left(\frac{1}{r_1}\right)^2\right\}+\left\{D\frac{1}{r_2}+E\left(\frac{1}{r_2}\right)^2\right\}+\left\{F\frac{1}{r_3}+G\left(\frac{1}{r_3}\right)^2\right\}$$

$\sum X$	A	B	C	D	E	F	G
ΣⅠ	50.094	−29.215	4.619	−4.276	−2.568	−6.256	1.662
ΣⅡ	−16.001	3.343	0	−3.590	−0.342	−0.382	0.569
ΣⅢ	− 1.528	0	0	−0.8800	−0.0455	0.471	0.195
ΣⅤ	− 0.486	0	0	−0.171	−0.0061	0.367	0.0666

（b） 形状決定過程

各レンズの形状			全系の3次収差係数			
$1/r_1$	$1/r_2$	$1/r_3$	ΣⅠ	ΣⅡ	ΣⅢ	ΣⅤ
—	−2.1164	0	—	—	0.130	−0.152
—	−1.2027	1.0	—	—	0.130	0.144
3.1769	−1.7589	0.45	0.991	−0.180	0.130	−0.026

なる $1/r_2$ と $1/r_3$ とが求められたら，はじめてⅡに着目し，これが目標値どおりになる $1/r_1$ を求める。これで，$1/r_1, 1/r_2, 1/r_3$ がすべて決まったことになり，そのときの ΣⅠ の値が計算される。以上を表にまとめたのが表 4.5(b)である。power 配置を固定したままでは，ΣⅠまで目標値どおりにすることは一般にはできないので，たとえばパラメータ ε を少し変えた power 配置について，まったく同様のことを行なってΣⅠの変化を調べ，try & error で最適な power 配置を探すことになる。実際に行なってみると，今の例では $\varepsilon \fallingdotseq 1.5$ 近傍に最適の power 配置が存在するはずである。さらに，power 配置の検討範囲を $\varepsilon<1.0$ の領域まで拡張してみると，$\varepsilon=0.6$ の近傍に，もう一つ別の解が存在することに気付くであろう。また，以上の例では，κ や L の値が一定であったが，もしこれらの値が変わると，ε の最適値も当然変わってくるであろう。

このようにして，薄肉系としての形状が決まると，各部分系に適宜厚みを導入して厚肉系としての検討に移行する。その際，各部分系の power や部分系間の主点間隔の値として，薄肉系の検討の際に決めた値をそのまま維持するように配慮すれば，その後の検討がスムースに進められるであろう。

e. 形状決定の実例（2）ガウス型レンズ　上に例としてあげたTripletでは，各薄肉系が単レンズであったため，変形の自由度が少なく，変数にとれるのはわずか3個の単レンズの bending に限定されていた。そのために，形状決定の段階で，常に全系の収差を考慮に入れなければならなかったし，また，最後には power 配置まで変えなければならなかった。しかし，個々の薄肉系にもう少し自由度のある一般のレンズタイプについては，もっとスッキリした形状の決定手順が考えられる。ここでは，そのような例として，球面のみから成るガウス型レンズの形状決定手順の概略だけを述べておく。

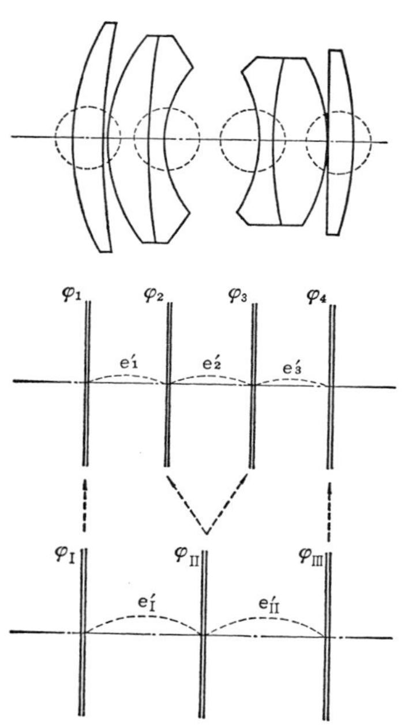

図 4.16　ガウス型レンズの power 配置

ガウス型レンズは，図 4.16 の上に示したように，4個の薄肉系から成っているとみられるが，power 配置決定の段階から4部分系として取り扱うと，自由度が多すぎて系統的な検討が困難になる。そこで図 4.16 の下に示したように，まず3部分系として power 配置を決めたのち，中央の power を2個に分割して4部分系に変換するのがよい。この分割のしかたはいろいろあるから，3部分系としての power 配置が同じでも，多くのヴァリエーションが考えられる。もちろん，4部分系にした状態での $\sum\varphi$ の値は，Petzval 条件からみて妥当でなければならない。

Power 配置が決まれば近軸追跡を行なったのち，全系の色収差を良好に保つような ν_1〜ν_4 を try & error で決定する。この際，第1薄肉系と第4薄肉系とは，いずれも系全体が同じガラスで構成さているとした方が後の処理が楽であるから，ν_1 と ν_4 とは実在するガラスと対応するものでなければならない。また，第2，第3薄肉系は一般に接合系であるが，その接合面の曲率には妥当な領域というものがあるから，ν_2 と ν_3 のとりうる値にもおのずから限界がある。ν_1～ν_4 が妥当な範囲に収まらなければ，power 配置を変更するほかない。

こうしてガラスの配列が決まると，第2，第3薄肉系の形状は決定したことになるから，これらについては3次収差係数の値を計算することができる。第1，第4薄肉系については形状が未定であるから，もちろん3次収差係数の値は決まらないが，それでも Petzval 項Pの値は確定しており，(4.27) の右辺で未定として残されているのは $\mathfrak{A}$ と $\mathfrak{B}$ だけである。そこで，全系の I, II, III, V は，いずれも $\mathfrak{A}_1, \mathfrak{B}_1, \mathfrak{A}_4, \mathfrak{B}_4$ のみを未知数とする1次式の形で表わされるから，各収差係数に目標値を設定すれば，それを満足する $\mathfrak{A}_1, \mathfrak{B}_1, \mathfrak{A}_4, \mathfrak{B}_4$ の値が4元連立1次方程式の解として得られる。$\mathfrak{A}_1, \mathfrak{B}_1, \mathfrak{A}_4, \mathfrak{B}_4$ の値が決まれば，あとは第1，第4薄肉系それぞれ単独に，指定された $\mathfrak{A}, \mathfrak{B}$ の値を満足する形状を解析的に解くか（この場合，解は2次方程式を解く形で得られる），または try & error で求めればよい。形状決定の段階を，このように各薄肉系単独に行なえるところがこの方法の特長で，全系の収差に着目しつつ形状決定をするのに比べるとはるかに楽である。ただし，この場合，球面のみから成る光学系では，指定された $\mathfrak{A}, \mathfrak{B}$ の値を満足する形状が必ず存在するという保証はなく，実解が存在しない場合もかなりある。そのような場合には，第2，第3薄肉系のガラスの組み合わせを変えたり，あるいは全体の power 配置を変えなければならない。薄肉系に非球面を導入すると，球面だけでは実解が存在しないような $\mathfrak{A}, \mathfrak{B}$ の値に対しても，常にそれを満足する実解を形成できるけれども，あまり非球面の負担を大きくすると製作上の問題が起る。いずれにしても，この種の方法を使いこなすには，既知のレンズを薄肉系に変換してみるという逆のルートをたどってみて，power 配置の状態や，薄肉と厚肉の間のズレなどについての予備知識を作っておく心構えが大切である。

f.　固有係数と薄肉系の3次収差式　上に述べたガウス型レンズの形状決定の例でもわかるように薄肉系の形状決定に際して課せられる条件は，$\mathfrak{A}, \mathfrak{B}, P$ という3個の係数の値の中に集約される。$\mathfrak{A}, \mathfrak{B}, P$ の値さえ指定することができれば，その薄肉系の形状決定は，他の薄肉系と無関係に単独で行なうことができる。いってみれば，$\mathfrak{A}, \mathfrak{B}, P$ は，3次収差係数に関して，薄肉系の形状を代弁していることになる。しかし，この代弁のしかたは，よく調べてみると，不合理なところがある。本当に形状を代弁するものならば，薄肉系の形状さえ変わらなければその薄肉系の置かれている前後の近軸関係が変わっても，あるいは比例をかけて拡大や縮小を行なっても，不変でなければならない。残念ながら $\mathfrak{A}, \mathfrak{B}, P$ はこういった条件を満足していない。こういった条件を満たすようにするには，$\mathfrak{A}, \mathfrak{B}, P$ をそのような観点から正規化し直せばよい訳で，このような正規化を施したものを固有係数と呼び，$\mathfrak{A}_0, \mathfrak{B}_0, P_0$ と書くことにする。これら $\mathfrak{A}_0, \mathfrak{B}_0, P_0$ は，薄肉系自体の power が $+1$ で，かつ $\mathfrak{h}=1$, $\alpha=0$, $\bar{\mathfrak{h}}=0$ という条件のもとに計算された球面収差，コマおよび Petzval の係数を表わしている。

固有係数を用いて薄肉系の3次収差係数を表わすと，次のようになる（簡単のために，薄肉系の番号を表わす suffix は省略する）。

$$\begin{aligned}
\mathrm{I} &= a_{\mathrm{I}}\mathfrak{A}_0 + b_{\mathrm{I}}\mathfrak{B}_0 + c_{\mathrm{I}} \\
\mathrm{II} &= a_{\mathrm{II}}\mathfrak{A}_0 + b_{\mathrm{II}}\mathfrak{B}_0 + c_{\mathrm{II}} \\
\mathrm{III} &= a_{\mathrm{III}}\mathfrak{A}_0 + b_{\mathrm{III}}\mathfrak{B}_0 + c_{\mathrm{III}} \\
P &= \varphi P_0 \\
\mathrm{V} &= a_{\mathrm{V}}\mathfrak{A}_0 + b_{\mathrm{V}}\mathfrak{B}_0 + c_{\mathrm{V}}
\end{aligned} \tag{4.37}$$

ここに，$a_{\mathrm{I}}, b_{\mathrm{I}}, c_{\mathrm{I}}, \cdots\cdots$ などの 12 個の係数（これらを特性係数と呼ぶ）は，薄肉系の前後の近軸関係や媒質によって決まる定数（厳密にいえば，P_0 が含まれているので，P_0 が変わる場合には若干変動する）と考えられるもので，次により計算される

$$a_{\mathrm{I}} = \mathfrak{h}^4\varphi^3$$

$$b_{\mathrm{I}}=-4\alpha\mathfrak{h}^3\varphi^2$$

$$c_{\mathrm{I}}=-\alpha\mathfrak{h}\left[\mathfrak{h}^2\left(\frac{\varphi}{N'}\right)^2-\alpha\mathfrak{h}\varphi\left(\frac{3}{N'^2}+2P_0\right)-\alpha^2\left(\frac{1}{N'^2}-\frac{1}{N^2}\right)\right]$$

$$a_{\mathrm{II}}=\tau a_{\mathrm{I}},\quad \text{ただし}\quad \tau\equiv\frac{\bar{\mathfrak{h}}}{\mathfrak{h}}$$

$$b_{\mathrm{II}}=\tau b_{\mathrm{I}}+(b_{\mathrm{II}})_0,\quad \text{ただし}\quad (b_{\mathrm{II}})_0\equiv\mathfrak{h}^2\varphi^2$$

$$c_{\mathrm{II}}=\tau c_{\mathrm{I}}+(c_{\mathrm{II}})_0$$

$$\text{ただし}\quad (c_{\mathrm{II}})_0\equiv-\alpha\left[\mathfrak{h}\varphi\left(\frac{2}{N'^2}+P_0\right)+\alpha\left(\frac{1}{N'^2}-\frac{1}{N^2}\right)\right]$$

$$a_{\mathrm{III}}=\tau a_{\mathrm{II}}$$

$$b_{\mathrm{III}}=\tau b_{\mathrm{II}}+(b_{\mathrm{III}})_0,\quad \text{ただし}\quad (b_{\mathrm{III}})_0\equiv\tau(b_{\mathrm{II}})_0$$

$$c_{\mathrm{III}}=\tau c_{\mathrm{II}}+(c_{\mathrm{III}})_0$$

$$\text{ただし}\quad (c_{\mathrm{III}})_0\equiv\tau(c_{\mathrm{II}})_0+\frac{\varphi}{N'^2}+\frac{\alpha}{\mathfrak{h}}\left(\frac{1}{N'^2}-\frac{1}{N^2}\right)$$

$$a_{\mathrm{V}}=\tau a_{\mathrm{III}}$$

$$b_{\mathrm{V}}=\tau\{b_{\mathrm{III}}+(b_{\mathrm{III}})_0\}$$

$$c_{\mathrm{V}}=\tau\left[c_{\mathrm{III}}+(c_{\mathrm{III}})_0+\varphi\left(\frac{1}{N'^2}+P_0\right)+\frac{\alpha}{\mathfrak{h}}\left(\frac{1}{N'^2}-\frac{1}{N^2}\right)\right]$$

$$-\frac{1}{\mathfrak{h}^2}\left(\frac{1}{N'^2}-\frac{1}{N^2}\right) \tag{4.38}$$

説明するまでもないと思うが，この式で

φ：薄肉系の power

$\mathfrak{h}, \bar{\mathfrak{h}}$：薄肉系における近軸光線の入射高

α：薄肉系に入射する近軸光線の換算傾角

N, N'：薄肉系前後の媒質の屈折率

である。

固有係数を活用すると，ガウス型レンズの形状決定手順などもいっそうスッキリした形になるが，特に有効なのはズームレンズの設計に適用した場合である。図 4.16 に示したように，ズームレンズでは，光学系の中の少なくとも二

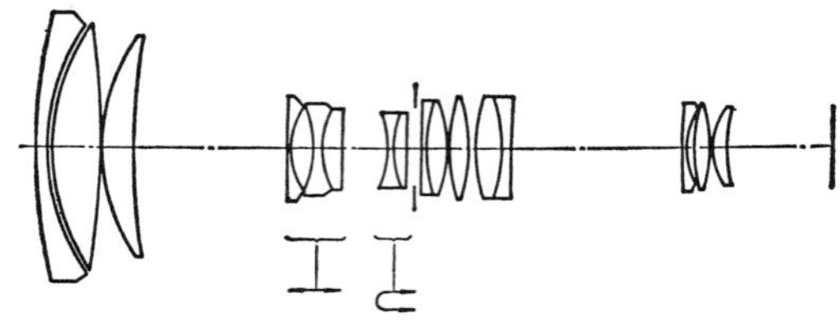

図 4.17　ズームレンズ

つの部分系が光軸方向に移動することによって，全体としての焦点距離が大幅に変わるようになっているから，個々のエレメントの形状を決めるに際しては焦点距離の変動区域の少なくとも3個所の位置での収差を同時に考慮することが必要で，はなはだ面倒なことになる。しかし，上に述べた取り扱いを適用すると，個々の部分系の固有係数を求める過程で，収差条件 I, II, III, V を各ズーム位置で考慮しなければならない点が普通のレンズと異なるだけで，固有係数の値から各部分系ごとに形状決定を行なう過程は普通のレンズにまったく同じになり，設計が著しく単純化される[9]。

また，最近では後述の自動設計が広く設計過程で使われているが，それによって最適化された解が，はたしていちばん良い解であるかどうか確かめたい場合がある。そのような場合にも，固有係数を媒介にして，光学系の各部分系について別解を探すようにすれば，異なる極値の探索を組織的に行なうことができる。

第 5 章
レンズ設計の実際

5.1 設計の手順

前章まで光学設計の基本的な技術について述べてきた訳であるが，その記述の順序は，あくまで読者が理解し易いように，内容のつながりに重点を置いたものであって，実際の設計における手順に従ったものではない。もっとも，一般に認められた標準的な設計手順といったものが存在している訳ではなく，個個の光学メーカーによっても違うし，またおそらく同じメーカーの中の個々の設計者によっても少しずつ違っているであろう。しかし，少なくとも一人前の設計者は，それぞれ自分独自の一貫した設計手順というものを持っているはずである。図 5.1 は，筆者の考えている設計手順のパターンを，ブロックダイヤグラムの形で示したものである。設計に際しては，まず光学系の満たすべき性能上の条件や寸法条件，あるいはコストに対する制約など，いわゆる設計仕様が与えられる。この設計仕様を最も良く満足する光学系を設計することが設計の目的なのであるが，それには，設計に着手するに先だって，すでに設計された過去のデータの中から，最も条件に近い何個かを選んで，その性能や構造などを詳しく調べておく必要がある。これが参考計算であって，これによって，設計仕様として与えられた条件からみた過去の類似の光学系の問題点がわかると同時に，power 配置など，個々の光学系の構造と性能との間の関係についても何らかの判断が得られるであろう。ここではじめて，これから設計に着手

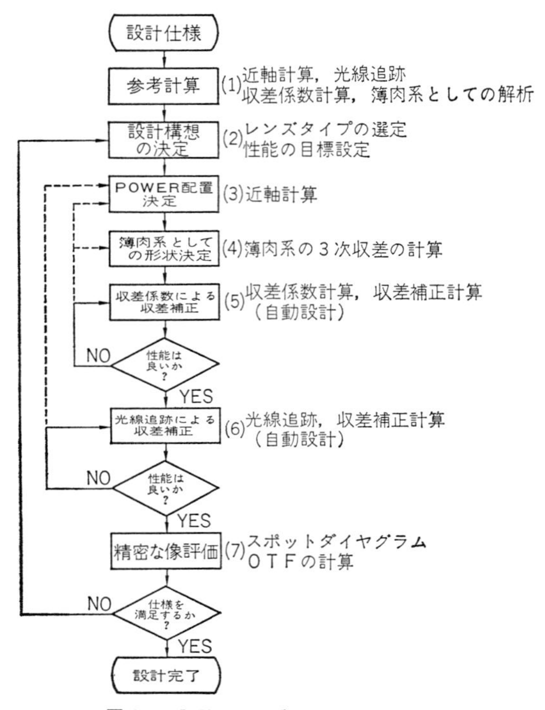

図 5.1　設計手順のブロックダイヤグラム

する光学系として，どのようなタイプを選び，またその power 配置をどのようにするかといった設計構想をまとめることができる。もし設計すべき光学系の仕様が，あまり前例のないようなものの場合には，狭い範囲の検討だけでは成功の可能性が少ないから，レンズタイプの選定にしても，あるいは特定のレンズタイプについての power 配置の決定にしても，なるべく広い範囲を組織的に検討して，最も良い解を効率よく探し出すような方針を立てることが必要であろう。こうして設計の構想がまとまれば，あとはその構想に従って実際の作業を行なえばよい。すなわち，まず選ばれたレンズタイプの power 配置を決定し，次に薄肉系の収差論を応用して概略の形状を決定する。こうして一応形状が決まれば，まず収差係数を手がかりに，どこまで性能が改善できるか試みる。もしあまり望みがなければ，その解を捨てて別の解の検討に移る。収差係数を手がかりにした性能改善があるレベルに達したものだけについて，今度は光線追跡による収差を手がかりにして，さらに性能を改善する。こうした性能改善によって，良好な性能に到達したと判断されたものについては，スポットダイヤグラムや OTF などを計算して精密な性能評価を行なう。この評価の結果，仕様を満足していると判断されたとき，はじめて設計は完了する。図5.1 のブロックの右側に示したのは，その部分で実行される計算の内容である。

しかし，実際の設計が以上述べたようにすんなりと完了することはほとんどない。図5.1の（2）から（7）に至る過程は，その一部あるいは全部が何度も反復され，試行錯誤が重ねられた後に，やっと設計が完了するのが普通である。図5.1の左側のルートがそうした反復作業を表わしている。

また，図5.1の（5）や（6）に示した収差補正の過程は，設計手順の中で最も多量の計算を必要とする厄介な過程であって，個々の面の曲率半径や面間隔，あるいは屈折率などを1個ずつ変化させ，それによる性能の変動を丹念に計算し，そしてその結果から，光学系の性能を改善するために構成要素にどういう変化を与えたらよいか見つけなければならない。こういうことを何度も繰り返して少しずつ性能を改善していくのである。最近，この手間のかかる作業をコンピュータに自動的に処理させる技術が実用化され，設計に欠かせない道具として活用されるようになった。これがレンズの自動設計と呼ばれているものである。

5.2 自動設計技術の概要

前節に述べたように，光学系の収差補正の過程では，いくつかの収差係数，あるいは光線追跡によって求めた収差を，それぞれの目標値に近づけるために，何度も同じような計算を繰り返さなければならない。このような繰り返し作業を，一々設計者の手をわずらわすことなく，コンピュータによって処理させるようにしたのが自動設計技術にほかならない。

一般に，個々の収差係数の値や，個々の光線収差の値のように，設計過程で性能を判断する手がかりにするいくつかの量を，$f_i(i=1\sim m)$ で表わすことにする。個々の f_i は光学系の構成要素の複雑な関数であって，これを**評価関数**（performance function）と呼ぶ。これら個々の f_i をそれぞれの目標値 $\bar{f}_i$ に近づけるためには，構成要素のいくつかを変化させなければならない。この変化させる構成要素のことを**変数**（variable parameter）と呼び，$x_j(j=1\sim n)$ で表わすことにしよう。変数 $x_j(j=1\sim n)$ を変化させることによって，着目する一群の $f_i(i=1\sim m)$ をそれぞれの目標値 $\bar{f}_i$ に近づけるには，何らかの数学的手法を適用しなければならないが，先にも述べたように，個々の f_i が $x_j(j=1\sim n)$ の複雑な関数である以上，逐次接近法的な手段によって解を求める以外にないことは明らかである。そうなると個々の f_i が，それぞれの目標値 $\bar{f}_i$ に全体として接近しつつあるか否かを一つの数値で判定できれば都合がよい。このような単一評価尺度をメリット関数（merit function）と呼び，普通使われているのは

$$\phi\equiv\sum_{i=1}^{m}\{w_i(f_i-\bar{f}_i)\}^2 \tag{5.1a}$$

によって定義されるものである。ここに w_i は f_i の重要度に応じて設定される比重である。式の形からわかるように，ϕ は一般に正の値をとる関数で，すべての f_i が $\bar{f}_i$ に一致したときに限り零になる。そして，ϕ の極小値を与える $x_j(j=1\sim n)$ が，その場合の最適解にほかならない。以後，式の形を簡単にするために，比重 w_i は f_i や $\bar{f}_i$ の中に含まれているものとして取り扱う。さらに，任意の f_i および $\bar{f}_i(i=1\sim m)$ の値の組を，それぞれm次元列ベクトル $\boldsymbol{f}$, $\bar{\boldsymbol{f}}$ で表わすことにし，また同時に任意の $x_j(j=1\sim n)$ の値の組を n 次元列ベクトル $\boldsymbol{x}$ で表わすことにする。そうすると，先述のメリット関数 ϕ は（5.1a）に代って

$$\phi\equiv\sum_{i=1}^{m}(f_i-\bar{f}_i)^2=(\boldsymbol{f}-\bar{\boldsymbol{f}})^T(\boldsymbol{f}-\bar{\boldsymbol{f}}) \tag{5.1b}$$

と書ける。ここに suffix T は転置（transpose）を表わす。

自動設計では，任意の出発点 $\boldsymbol{x}_0$ から出発して，この ϕ の極小地点に対応す

る $\boldsymbol{x}$ を逐次接近的な手法で求めることが問題になる。このような逐次接近の手法として，これまでに多くの方法が試みられたが，今日実用性があると認められているのは**1次近似法**（linearization method）と呼ばれる種類に属するものである。以下，その中の代表的な手法について説明しよう。

今，評価関数 f_i の，変数 x_j に関する偏微分係数

$$a_{ij} \equiv \frac{\partial f_i}{\partial x_j} \cong \frac{\Delta f_i}{\Delta x_j} (i=1 \sim m,\ j=1 \sim n) \tag{5.2}$$

を第 i,j 成分とするマトリックスを $\boldsymbol{A}$ で表わすことにする。そうすると，$\boldsymbol{x}_0$ の近傍における $\boldsymbol{f}$ を $\boldsymbol{x}$ の微小変化 $\Delta\boldsymbol{x}$ によって Taylor 展開して1次の項で打ち切ると

$$\boldsymbol{f} \cong \boldsymbol{f}_0 + \boldsymbol{A}_0 \Delta\boldsymbol{x} \tag{5.3}$$

となる。ここに suffix 0 は $\boldsymbol{x}_0$ における値であることを表わす（以下同様）。この（5.3）をよりどころにして ϕ の極小地点にたどり着こうというのが1次近似法である。$\boldsymbol{f}$ を目標値 $\bar{\boldsymbol{f}}$ に一致させる解 $\Delta\boldsymbol{x}$ は，（5.3）の左辺を $\bar{\boldsymbol{f}}$ とおくことによって成立する連立方程式

$$\boldsymbol{A}_0 \Delta\boldsymbol{x} = -(\boldsymbol{f}_0 - \bar{\boldsymbol{f}}) \tag{5.4}$$

を満足しなければならないが，一般には評価関数の次元 m が，変数の次元 n よりも大きい $m>n$ なる場合が多いから，（5.4）をできるだけ満足するように，最小自乗法を適用して $\Delta\boldsymbol{x}$ を求めるほかはない。このことは，（5.1b）の右辺の $\boldsymbol{f}$ に（5.3）の関係式を代入して得られる ϕ の近似値

$$\begin{aligned}\tilde{\phi} &\equiv (\boldsymbol{f}_0 - \bar{\boldsymbol{f}} + \boldsymbol{A}_0 \Delta\boldsymbol{x})^T (\boldsymbol{f}_0 - \bar{\boldsymbol{f}} + \boldsymbol{A}_0 \Delta\boldsymbol{x}) \\ &= \phi_0 + 2\{\boldsymbol{A}_0^T (\boldsymbol{f}_0 - \bar{\boldsymbol{f}})\}^T \Delta\boldsymbol{x} + \Delta\boldsymbol{x}^T \boldsymbol{A}_0^T \boldsymbol{A}_0 \Delta\boldsymbol{x}\end{aligned} \tag{5.5}$$

の極小値に対応する $\Delta\boldsymbol{x}$ を求めることと等価である。そのような $\Delta\boldsymbol{x}$ は，$\tilde{\phi}$ の gradient をとって零とおくことによって得られる，いわゆる正規方程式（normal equation）

$$\boldsymbol{A}_0^T \boldsymbol{A}_0 \Delta\boldsymbol{x} = -\boldsymbol{A}_0^T (\boldsymbol{f}_0 - \bar{\boldsymbol{f}}) \tag{5.6}$$

を解いて求めることができる。ところで，この（5.6）を解いて $\Delta\boldsymbol{x}$ が求められるためには，左辺の n 次元の対称行列 $\boldsymbol{A}_0^T \boldsymbol{A}_0$ が正則であること，すなわち

$|A_0{}^T A_0| \neq 0$ であることが前提である。そのためには $m \geqq n$ で，かつ変数 $\boldsymbol{x}$ の各成分の間に従属関係が存在しないことが必要である。(5.6) を解いて $\Delta \boldsymbol{x}$ が求められたら，新しい地点

$$\boldsymbol{x} = \boldsymbol{x}_0 + \Delta \boldsymbol{x} \tag{5.7}$$

へと進み，この $\boldsymbol{x}$ を新しい出発点として同じ操作を繰り返し，漸次真の解に近づこうとするのが**最小自乗法** (least squares method)[10] と呼ばれている手法である。しかし，この手法の場合，求めた $\Delta \boldsymbol{x}$ が常に (5.3) の近似の適用領域内にあるという保証はなく，(5.1b) によるメリット関数 ϕ を実際に計算して見ると，ϕ が逆に増大する結果になることもしばしば起こる。こうした点が最小自乗法の欠点であって，$\|\Delta \boldsymbol{x}\|$ が1次近似の適用できる範囲内に収まるように，何らかのくふうが必要になる。

その一つの方法として考えられるのは，(5.4) で与えられる連立方程式に，$\|\Delta \boldsymbol{x}\|$ を小さく抑制するための条件式

$$\sqrt{\rho}\, \Delta \boldsymbol{x} = 0 \qquad (\rho > 0) \tag{5.8}$$

を付加して最小自乗法を適用することである。このことは，(5.5) で与えられる $\tilde{\phi}$ の代わりに

$$\begin{aligned} \psi &\equiv \tilde{\phi} + \rho \Delta \boldsymbol{x}^T \Delta \boldsymbol{x} \\ &= \phi_0 + 2\{A_0{}^T(\boldsymbol{f}_0 - \bar{\boldsymbol{f}})\}^T \Delta \boldsymbol{x} + \Delta \boldsymbol{x}^T (A_0{}^T A_0 + \rho \boldsymbol{I}) \Delta \boldsymbol{x} \end{aligned} \tag{5.9}$$

の極小地点を求めることと等価である。ここに $\boldsymbol{I}$ は n 次元の単位行列である。そうすると，(5.6) に対応する正規方程式は

$$(A_0{}^T A_0 + \rho \boldsymbol{I}) \Delta \boldsymbol{x} = -A_0{}^T (\boldsymbol{f}_0 - \bar{\boldsymbol{f}}) \tag{5.10}$$

となり，これを解いて $\Delta \boldsymbol{x}$ を求めることができる訳であるが，その際 ρ の値によって $\|\Delta \boldsymbol{x}\|$ をコントロールすることができる。実際には (5.1b) による ϕ が最小も小さくなるように，try & error で ρ の値をきめるのが合理的である。このようにして $\Delta \boldsymbol{x}$ を求める手法を**減衰最小自乗法** (damped least squares method, 以下略して DLS 法という)[11,12] といい，ρ のことを damping factor という。(5.10) の左辺の $(A_0{}^T A_0 + \rho \boldsymbol{I})$ は，単に $A_0{}^T A_0$ の対角要素に一率に ρ を加えただけのものであるから，$\Delta \boldsymbol{x}$ を求める手間は，最小自乗法

の場合と大して変らない。しかも，最小自乗法で $\boldsymbol{\Delta x}$ を求めるには $|\boldsymbol{A}_0{}^T\boldsymbol{A}_0|$ $\fallingdotseq 0$ が絶対的に必要であったのに対して，DLS 法では $\rho>0$ である限り $|\boldsymbol{A}_0{}^T \boldsymbol{A}_0+\rho\boldsymbol{I}|>0$ となるから，この点でも DLS 法の方が融通性がある。いずれにしても，遂次接近の手法としては，現在のところ，この DLS 法が最も簡単で優れた方法であるといってさしつかえないであろう。$\boldsymbol{\Delta x}$ が求められてからのちの手続きは最小自乗法の場合と同じである。

ところで，ここでもう一つやっかいな問題がある。上述の手法を適用して $\boldsymbol{\Delta x}$ を求める過程は，プログラムに組まれ，コンピュータによって機械的に処理されてしまうから，評価関数に選んだ個々の収差は良好になっても，レンズの中心厚が負になったり，レンズの周縁厚が負になったりして，製作不可能な光学系の生れる可能性が大きい。そこで，実際の自動設計では，こういう不都合を防止するために，ある拘束条件を与えて $\boldsymbol{\Delta x}$ を求めなければならない。この $\boldsymbol{\Delta x}$ の範囲を規制する拘束条件のことを**境界条件** (boundary condition) といい，この条件をどのようにして保持させるかによって，自動設計プログラムの総合的な効率が大きく左右される。境界条件の問題を処理するに当って，とくに注意すべき点は，できるだけ単純な操作で目的を達するように配慮することである。このような配慮が，結局はプログラム全体を単純化し，総合的な効率を上げることにもつながるからである。次に，DLS 法における境界条件処理の一つの方法を簡単に紹介しておこう。

任意の光学系で，レンズの中心厚や周縁厚など，一定の制限を設ける必要のある量を $b_\lambda(\lambda=1\sim l)$ で表わすことにする。一般的には，個々の b_λ は f_i と同じく $x_j(j=1\sim n)$ の関数と考えることができる。今，個々の b_λ に対して許される許容限界値を $\bar{b}_\lambda$ で表わすことにすれば，符号の操作も含めて考えた場合，境界条件はすべて

$$b_\lambda \geq \bar{b}_\lambda \qquad (\lambda=1\sim l) \tag{5.11}$$

の形で書くことができる。DLS 法でこの条件を保持させる一つの方法は，次の 3 か条のルールに従った処理を実施することである。

i）(5.1b) で定義したメリット関数 ϕ の内容を拡張し，今までどおりの評

価量から成る項 $\phi_i'(i=1\sim m)$ と，境界条件の侵害度を表わす項 $\phi_\lambda''(\lambda=1\sim l)$ の和として構成する。すなわち

$$\left.\begin{aligned} &\phi=\sum_{i=1}^{m}\phi_i'+\sum_{\lambda=1}^{l}\phi_\lambda'' \\ &\text{ここに} \\ &\phi_i'\equiv(f_i-\bar{f}_i)^2 \\ &\phi_\lambda''\equiv(b_\lambda-b_\lambda)^2, \quad \text{if } b_\lambda<\bar{b}_\lambda \\ &\phi_\lambda''\equiv0, \qquad\qquad\quad \text{if } b_\lambda\geqq\bar{b}_\lambda \end{aligned}\right\} \quad (5.12)$$

ただし，b_λ や $\bar{b}_\lambda$ には f_i や $\bar{f}_i$ の場合と同様，比重を含んでいるものとする。

ii）DLS 法によって解 $\boldsymbol{\Delta x}$ を求めるに際しては，(5.12) で定義される新しいメリット関数 ϕ の値が最小になるように ρ の値を選ぶ。

iii）DLS 法を適用する場合，一つ前のステップで $\phi_\lambda''\neq0$ となった b_λ については，$\bar{b}_\lambda$ を目標値として設定して評価関数と同様の処理をする。

ここにあげた i）と ii）のルールによって，$\boldsymbol{\Delta x}$ を求める過程で境界条件が大きく侵害されることが未然に防止され，また iii）のルールによって，境界条件を維持するための拘束の設定と解放とが簡単に，無理なく実現できる。

自動設計技術の概要は以上のとおりであって，個々の評価関数 f_i として何を選ぶかは任意であるから，設計の各段階でこの技術を活用することができる。設計初期のラフな検討の過程では，最適化の対象として収差係数を選び，ある程度設計の見通しの立った段階で，それを光線収差に切り換えるのが合理的であることはいうまでもなかろう。個々の評価関数 $f_i(i=1\sim m)$ や個々の変数 $x_j(j=1\sim n)$ の選定は，光学系の性質を充分考慮に入れて，なるべく有効なものだけに絞ることが良い結果を得るコツであって，安易な気持で自動設計を使うと，結局は無駄な計算時間の浪費を招くことを銘記すべきであろう。

最近は光学設計技術の進歩に伴って，光学系の性能に対する要求も漸次きびしくなってきている。そうなると，最適化の対象となるメリット関数が従来のように，個々の収差係数や光線収差の値といった単純なもので構成されていた

のでは，要求を満足する性能に到達するのに，最終段階で何度も試行錯誤を繰り返さなければならないことになる。こうした不合理を避けるために，メリット関数を 3.5（p.68～75）で述べたような精密な評価量と関連の深い内容のもので構成する試みも種々行なわれている[14,15,16]。

5.3 設計の方針設定について

A. 方針設定の基盤

光学設計の技術的な面については，以上で一通り述べたことになる。しかしこうした技術を心得ていれば，直ちに順調に設計を進めることができるかといえば，実際はそう簡単にはいかないのである。技術がいかに明確であっても，与えられた設計仕様に対して，具体的にどんなレンズタイプを採用し，またどんな power 配置とガラス配列を採用するかについては無数の組み合わせが存在し，そのどれが正解であるかは誰にもわかっていない。設計の手がかりになるものは，過去の多くの事例と，そして設計者個人の経験とだけである。こうした状況の中にあって設計を進めようとする場合，まず大切なことは，明確な設計方針を立てることである。これによって，はじめて以後の設計作業が統一のとれたものとなり，また，その設計経験が蓄積可能となるからである。こうした方針設定が常に的確になされるためには，設計者の頭の中に，それを支える“何か”がなければならない。この“何か”を客観的に説明することはむずかしいが，しいていえば，いろいろな設計常識の集まりとでもいうべきものである。前章までに述べたような個々の設計技術を仮に光学設計のハードウエアと呼ぶことにすれば，今述べたような要素はソフトウエアに相当するものであって，この両者が揃ったとき，はじめて光学設計はスムースに進められるといってよい。

それにしても，こうした個々の設計常識は，直観的に働くところに意味があるのであるから，簡潔な形に表現できるような内容をもったものでなければならない。またその範囲は，設計に役立つあらゆるものを含んでいた方がよく，きわめて素朴な考え方に基づくものから光線追跡公式，あるいは収差論の公式から結論づけられるものまで種々雑多で幅が広い。こうしたものが，直観的判断に役立つような形で蓄積されているかどうかは，個々の設計者の日頃の努力次第である。次に，そのいくつかの例をあげて見よう。収差論から出てくる常識については，前章の記述と重複することをお断りしておく。

素朴な考え方から出てくる事項

i）光学系を構成する個々の面の power が平均して弱いほどレンズ系全体の収差も少なくなる傾向にある。

ii）光学系全体の厚みが薄いほど，軸外光束が面を通過する位置の変動が少ないから，軸外における収差変動も一般にゆるやかになる。

光線追跡公式に関連して出てくる事項

iii）光学系の個々の面が，絞りの中心に関して concentric な状態に近いほど軸外主光線の屈折が少なくなる関係で，軸外の非点収差の変動も少なくなり，画角を広くとれる。

収差論の公式から出てくる事項

iv）光学系のエレメントを bending した場合，子午像面と球欠像面とは3：1の比率で，同じ向きに動く。

v）球面収差の残存する光学系では，コマ収差の消失する瞳位置が存在する。

vi）球面収差とコマ収差に関して補正された，いわゆる aplanatic な光学系では，非点収差は瞳位置にかかわらず一定である。

vii）薄肉光学系では，どんなに形状を変化させても，5個の3次収差係数のうち，自由に変え得るのは2個だけで，他はその2個との間の従属関係で決まってしまう。

viii）薄肉光学系で，瞳位置がその光学系自体の位置と一致しているとき，非点収差と歪曲とは形状変化に関係なく一定である。とくに，薄肉光学系の両側の媒質が等しいときには，非点収差係数はその薄肉光学系の power そのものに等しく，また歪曲の係数は零になる。

こうした例をあげれば限りがないから，この程度で止めよう。

実際の設計過程で，設計者が設計方針をきめたり，あるいは何らかの決断をしたりする過程では，こうしたものが半ば無意識的に働いているのである。したがって，上に述べた設計常識的なものが，どのようにして設計方針と結びつくかといったことについては，具体的な問題について説明した方がわかり易いと思われる。そこで，以下若干の具体的な問題について，事例研究の形で説明を試みたい。

B. 簡単な事例研究

a. 写真レンズの大口径化　まず，写真レンズを大口径にする場合，どんな考え方で設計を進めればよいかという問題を取り上げよう。写真レンズのこれまでの進歩は，多くの設計者が先人の設計したレンズデータを参考にしながら，試行錯誤を繰り返すことによって進められてきたというのが真相に近いであろう。しかし，参考にすべきもののほとんどない初期の頃はしかたがないとしても，ある程度データの蓄積ができてくると，それらの傾向をつかむことによって，第一近似としての設計条件が決められるから，いくらかでも効率良く設計が進められるようになる。レンズ系を大口径にしようとする場合，球面収差とコマ収差の補正だけ考えれば良いのならばまだ話は簡単なのであるが，写真レンズの場合には，非点収差，Petzval sum，歪曲を同時に考慮に入れなければならないのでやっかいになる。全体を薄肉にしたのでは，2種類の収差しか同時に除けないことが設計常識としてわかっているから，レンズ系全体の構成を考えるのに，厚みや間隔を積極的に活用しなければならないことがまず指摘される。

若干の例外はあるにしても，写真レンズの設計で，厚みや間隔の積極的な活用を設計者が明確に意識するようになったのは，Triplet の出現以後であるように思われる。それ以前には，たとえば図 5.2(a) のような厚みのあるレンズ系の場合でも，その厚みは，意識的に導入されたというよりも，図 5.2(b) のような薄肉のレンズ

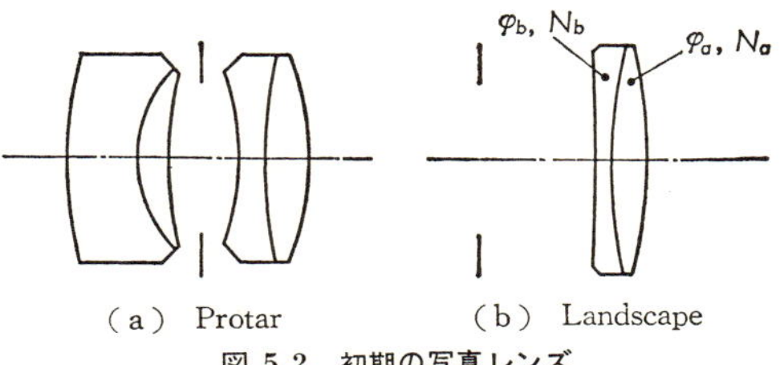

図 5.2 初期の写真レンズ

系を，絞りをはさんで対称に配置して歪曲を除いた結果として導入されたに過ぎないのである。図 5.2(b) のような power 1 の薄肉の光学系で，全系を2枚のエレメントの接合より成るとすると，全系の power と Petzval sum の条件は，

$$\varphi_a+\varphi_b=1$$

$$\varphi_a/N_a+\varphi_b/N_b=P$$

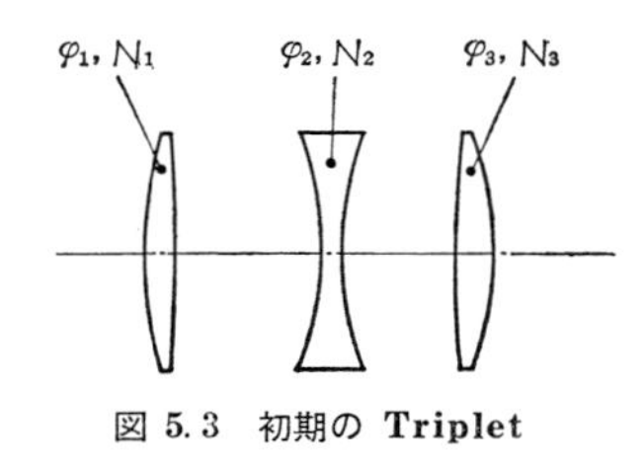

図 5.3　初期の Triplet

となる。そこでPを小さくするには，少なくとも一方の power，たとえば φ_b を負にし，しかもそれと併行して，φ_b の屈折率 N_b をできるだけ低く，かつ正の power φ_a の屈折率 N_a をできるだけ高くとることが絶対的に必要になる。これに対して，図 5.3 に示した Triplet の場合には，全系の power と Petzval sum の条件は，

$$\varphi_1+(h_2/h_1)\varphi_2+(h_3/h_1)\varphi_3=1$$

$$\varphi_1/N_1+\varphi_2/N_2+\varphi_3/N_3=P$$

となるから，P を小さくするのに1個の power φ_2 を負にしなければならない点は先程と同様であるが，h_2 の値を h_1 や h_3 に比較して小さくなるようにすることにより，屈折率の選択とは無関係にPの値を減少させ得る点が異なっている。このことは，レンズ系のエレメント間に間隔を導入することにより，それだけ自由度が増えたことを意味している。しかも，数値的に検討してみると，Pを特定の小さな値にするのに必要なエレメントの power もこの方が平均的に弱くてよいのである。たとえば，上にあげた薄肉の光学系の例についていうと，$P=0.4$ を実現するためには，屈折率として色消のことも考えた場合のギリギリの値 $N_a=1.7$，$N_b=1.57$ を採用したとして，エレメントの power は $\varphi_a=4.8646$，$\varphi_b=-3.8646$ という値にする必要があるが，前章の表 4.4 にあげた Triplet の場合には，エレメントの power は $\varphi_1=2.0669$，$\varphi_2=-3.0369$，$\varphi_3=1.5900$ で，しかも屈折率は無造作に $N_1=N_2=N_3=1.55$ としただけで簡単に $P=0.4$ が達成されるのである。今問題にしている写真レンズ

の大口径化にとって，レンズ系全体の厚みが重要な意味をもっていることは，以上のことから予想がつく。少し古いデータであるが，多数のガウス型レンズについて，Fナンバーと光学系の全厚の関係を plot してみたのが図 5.4 であって，同じレンズタイプについては，明らかに大口径になるほど全体の厚みが厚くなっていることがわかるであろう。

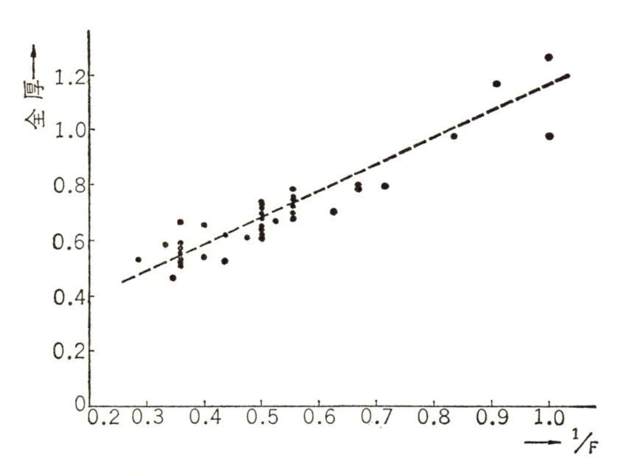

図 5.4 ガウス型レンズについてのFナンバーと全厚の関係

簡単のために，ここで再び話を Triplet に戻して考える。Triplet を大口径化するには，以上述べたことから，power 配置を決める5個のパラメータのうち，まず全厚Lを大きくとらなければならないと予想される。実際に計算してみても，確かにそのとおりなのであるが，それには限界があることがわかる。4.4. C. の d.（p. 119〜124）で述べたように，特定の $L, \sum\varphi$ およびκについて，εをパラメータにして一連の Triplet の形状を求めて見ると，$L=0.24$ の場合には球面収差の残存量が図 5.5(a) のようになって，解が2種類得られる（このことについてはすでに述べた）が，L を漸次増して行くと2種類の解は次第に接近し，遂には図 5.5(b) のように実解が存在しなくなる。もちろん，$\sum\varphi$ や κ，ガラスの屈折率の選び方，あるいは残存収差の許容量を変えることによって若干条件が変わるが，限界があることに変わりはない。この限界はFナンバーとしてほぼ 2.5 ぐらいである。前章の表 4.2 に F ナンバー 1.9 の

Triplet があったが，これは残存収差を極端に大きく許しているためである。

このような限界を破るためには，新しい何らかの手段を導入することが必要で，よく使われる手はレンズエレメントを分割することである。Triplet についていえば，κ を著しくプラスの値にして第1エレメントの power を著しく強くした上で，これを2個に分割することによって限界を破ることを試みたのが，L. Bertele であって，こうして明るさ 1：2 の Ernostar（図 5.6(a)）が設計された。L. Bertele は，さらにこの Ernostar の第1エレメントと第2エレメントの間をガラスで埋め，第3エレメントを接合レンズにすることによって，軸外収差を改善した Sonnar 1：2（図 5.6(b)）を設計している。

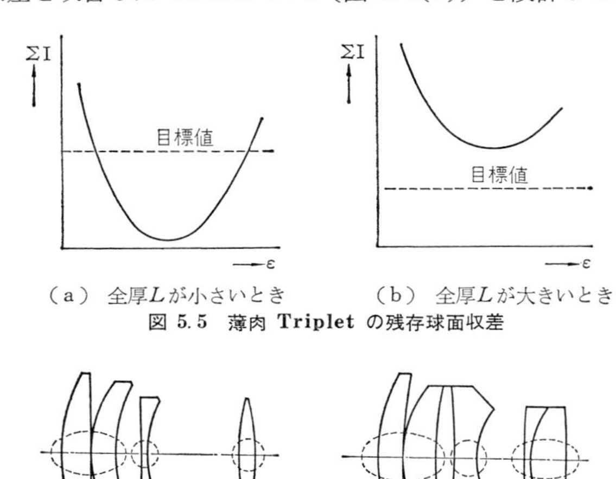

（a） 全厚Lが小さいとき　　（b） 全厚Lが大きいとき

図 5.5　薄肉 Triplet の残存球面収差

（a） Ernostar　　（b） Sonnar

図 5.6　Triplet の変形

Triplet のもう一つ別の変形として考えることのできるのがガウス型である。Triplet では正，負，正の3個の power 間の媒質が空気であったが，これをガラスで埋めたのがガウス型であると考えることができる（図 5.7）。Triplet では正の power がいずれも2個の面で構成されていたのに

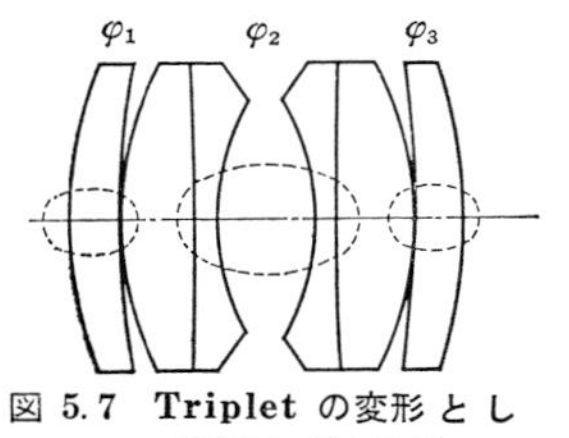

図 5.7　Triplet の変形として考えたガウス型

対して，ガウス型は3個の面で構成されているために，これらの部分から発生する収差量がそれだけ少なくなり，したがって負の power をもつ中央の部分系の収差補正の負担が軽くなるから，大口径化には本質的に有利であるということができる。ただ注意しなければならないことは，ガウス型の場合には，中央の負の power をもつ部分系を大きな空気間隔をはさんだ二つの部分に分割しなければならない関係で，Petzval sum が著しくプラスになることである。そこで正，負，正の power 配置を決める際には，パラメータ $\sum\varphi$ の値をその分だけマイナスにしておかなければならない。そのために，ガウス型を3部分系と考えた場合の各 power はかなりきつくなる傾向があるが，両側の正の power がいずれも3個の面で構成されること，空気に接する各面が全体として concentric に近い形をとることなどのために，収差は軸上，軸外ともかなり良好に補正できる。写真レンズの空気に接する面にコーティングが施されるようになる以前には，ガウス型はゾナー型に比較して表面反射によるフレアーが多くて嫌われたが，コーティング技術が発達し，フレアーの問題が解決した現在，標準画角を包括する大口径レンズがほとんどガウス型に統一されてしまったのは，このタイプのもっている優れた潜在性能によるものと解釈できる。ところで単純な Triplet に大口径化の限界があったように，6枚構成の典型的なガウス型の場合にも限界があり，収差が良好に補正できるのはほぼ 1:1.8 ぐらいまでで，それ以上明るくするには新しい何らかの手段が要る。高屈折率の新ガラスをふんだんに使うといったことのほか，両端の正の部分系をさらに多くの面に分割することが一般に行なわれている。図 5.4 には，そうしたガウス型の変形も含まれていることをつけ加えておく。

大口径化のための補助手段として，最もよく使われるのがエレメントの分割なのであるが，そのほか特殊な接合面が使われる場合もある。その良い例が明るさ 1:1.5 の Sonnar で，図5.8の矢印で示したのが問題の接合面である。ゾナー型は一般に球面収差の残存量がガウス型よりも大きく，明るさ 1:2 以上の光束に対しては球面収差が著しく補正過剰になる。この欠点を補償する目的で導入されたのが上記接合面であって，この面は光束の外周部で急激に補正

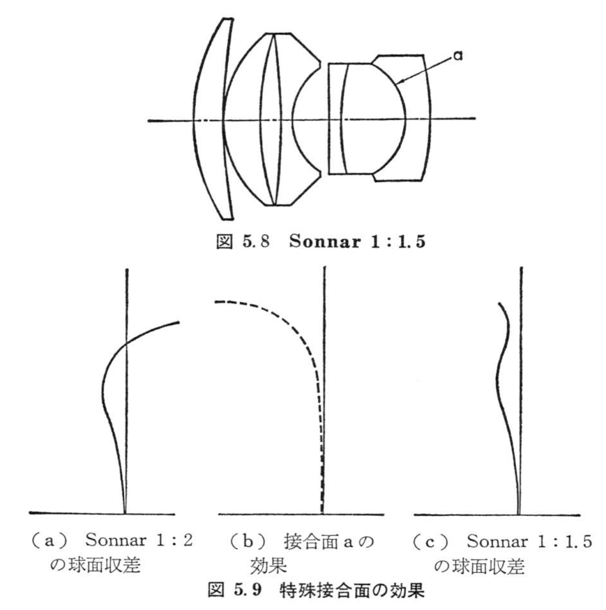

図 5.8 **Sonnar 1:1.5**

（a） Sonnar 1：2 の球面収差　（b） 接合面 a の効果　（c） Sonnar 1：1.5 の球面収差

図 5.9 **特殊接合面の効果**

不足の球面収差が増大するようになっている。その作用を模型的に図示したのが図 5.9 である。この種の接合面を導入するに当たっては軸外光束に対する影響に注意する必要があるが，Sonnar 1：1.5 の例では問題の接合面が絞りの中心に関してほぼ concentric になっており，軸外光束にも同等に働くよう考慮されている。

以上，きわめて定性的に述べたが，レンズタイプが決まり，その power 配置決定の際の方針が明確になり，さらに何らかの補助手段を使用するかどうかが決まれば，あとは前章までに述べた技術を活用して設計を進めればよい。

b.　写真レンズの広角化　写真レンズに関する本質的な要求として，大口径化と並んで広角化があげられる。写真レンズの広角化を実現する手がかりは A.（p. 137～139）で述べた設計常識の中にも一部含まれており，次の三つのアプローチが考えられる。

i ）全系の厚みをなるべく薄くし，かつ各エレメントの power をできるだけ弱くする。

ii）全系の構成をできるだけ concentric な形に近づける。

iii）全系を負，正，負の power 配置にすることによって，レンズ系内部での光束の傾角を小さくする。

これら三つの行き方のうち，i）はどのようなレンズタイプにも適用できる反面，これだけで本格的な広角レンズを得ることは困難であり，ii)，iii）は適用するレンズタイプがおのずから限定されるけれども，本格的な広角化が可能である。以下，各項目について簡単に説明しよう。

i）の適用方法を説明するために，再び Triplet に例をとることにする。単純に考えると，Triplet の power 配置に関係するパラメータのうち，全厚 L を小さくすれば良いように思われるけれども，実際にそうすると各部分系の power が平均的に強くなってFナンバーを同じ値に維持することが困難になる。したがって，まず L を一定にしたまま power を平均的に弱くする方法を探さなければならない。実際に試みてみればわかるけれども，それには $\sum\varphi$ をプラス方向にズラせる以外にない。こうすれば，各エレメントの power が弱くなるから軸外に行くに従っての収差変動は確かに減る。しかし，そのままでは当然 Petzval sum が悪化するから，これをガラスの屈折率の選択によって補償しなければならない。一方，この行き方をガウス型に適用するには，中央の絞り空間を思い切って狭くするのである。そうすると，中央の負の power を二つに分割したことによる Petzval sum の悪化が著しく減るから3部分系としての power 配置をきめる際，$\sum\varphi$ をそれだけプラスにすることができ，各部分系の power が平均的に弱くなるのである。したがって，さらにその分だけ全厚 L を小さくすることも可能になる。しかし，Triplet の場合にも，ガウス型の場合にも，こうした方法では，高次の球欠像面彎曲の曲りが良くならないことが経験されており，本格的な広角レンズの設計には効果が少ない。かつて，ライカ版用の交換レンズのうち，焦点距離 28～35 mm，明るさ 1：3.5 程度のものには，この考え方に基づくものが多かったが，最近は性能に対する要求がきびしくなったこともあって，余り採用されなくなったようである。

一方，concentric な光学系では，主光線が面に垂直に入射し，屈折を起こさないので非点収差も発生しない。そこで，光学系の各面の形状を，できるだけ concentric な形に近づけることによって画面範囲を広げようというのが ii）であって，ガウス型レンズの広角化にはよくこの考え方が適用される。ガウス型レンズにこの考え方を適用する場合には，先程と反対に，絞り空間を思い切り広くとるのである。このようにしてなお Petzval sum を良好に保つためには，3部分系としての power 配置を決める際に，$\sum\varphi$ を著しく負の方にズラさなければならず，したがって各部分系の power はかなり強くなる。このようにした場合，画面全体の結像性能の均等性が良くなる反面，高次の球面収差の残存量が多くなるが，この点は高屈折率の新ガラスを思い切って使うことにより改善される。最近のガウス型レンズには，この考え方を適用して，画面全体にわたる結像性能の向上をはかったものが多いようである。図 5.10 に上記 i), ii）の方針で設計された2種類のガウス型広角レンズの例を示しておく。

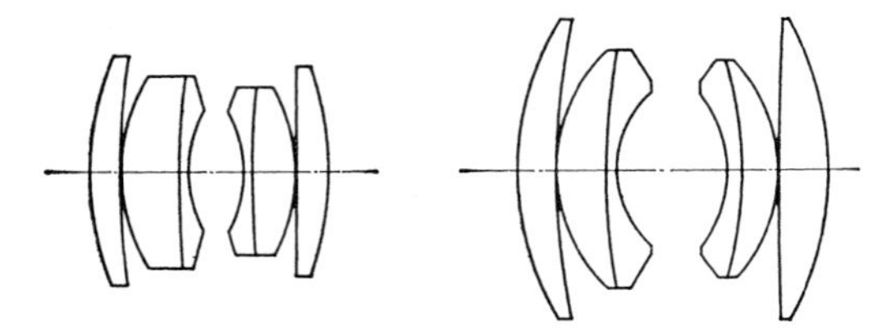

（a）f=35mm, 1 : 2.8　　　（b）f=35mm, 1 : 1.8

図 5.10　設計方針の異なるガウス型広角レンズ

さて，大部分のレンズタイプは，正, 負, 正の power 配置をもつ3部分系に還元できるが，ちょうどそれを裏返しにすれば，負, 正, 負の power 配置が考えられる。この power 配置のもとでは，レンズ系の内側での光束の傾角が小さくなるから，軸外収差の変動を少なくすることができて広角化に有利である。これが iii）の考え方である。Triplet の power 配置は，5個のパラメータを指定することにより，3次方程式の解として得られることを 4.4.C. の d. (p. 119〜124）で述べたが，3次方程式の解であるから，当然解は3組ある。その1組は正, 負, 正の power 配置から成る普通の Triplet，もう1組は同じ正, 負, 正の power 配置であるが内部で一度実像を結ぶような power の強い解,最後の1組が今問題にしている負,正,負の power 配置をもつ解である。正,負,正の power 配置で全体の形状を concentric な形に近づけるには,power 間の空間の媒質をガラスで埋める必要があった(これがガウス型である)が,負,正,負の power 配置では逆に power 間の媒質を空気にする必要がある。そして,いずれの場合にも中央の power を大きく二つの power に分割する(ガウス型では絞り空間を増す,負,正,負の power 配置の場合には中央の正の power をもつガラスブロックの厚さを増す)ことにより,この部分で発生する非点収差の絶対値が著しく減るから,両外側の power による反対符号の非点収差もこれとバランスさせるために絶対値を減らすことが必要になり,結局全体の形状がより concentric な状態に近づくことになる。図 5.11 にその一例を示す。個々のレンズタイプには,それぞれに妥当な power 配置の条件があるから,パラメータの選定には注意が必要である。

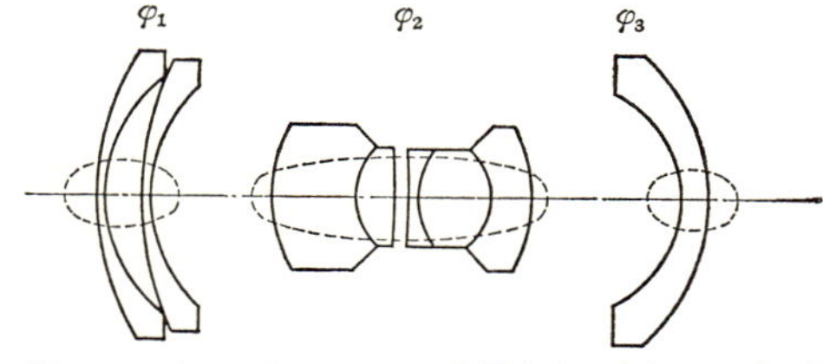

図 5.11 負,正,負の power 配置をもつ広角レンズの例

5.4 仕事の正規化について

これまでに繰り返し述べてきたように,光学設計では試行錯誤的な傾向が強いから,各種の知識や資料,あるいは過去の経験などをいかに有効に活用できるかが設計者の優劣を決める重要な要素になる。設計者の適性ということがよく問題になるけれども,それは結局こうした設計上必要な情報を,日常の仕事をしながら蓄積するためのくふうと努力をしているかどうか,またそういうことに関心があるかないかによって決まるように思われる。設計上必要な知識や資料,あるいは経験などは,一般にきわめて雑然としているから,それらをそのままの形でいくら積み重ねてみても,それはどこまでも雑然とした情報の集まりに過ぎないであろう。そうした蓄積を生きたものにするには,設計者が何らかの手を加えて整理した上で蓄積しなければならない。しかも,こうした整

理を日常の仕事と別個に行なっていたのでは長続きしないことは目に見えている。結局，日常の仕事自体がそうした整理の機能を含んだ形になっていなければならないということになる。このことを，仮に仕事の正規化と呼ぶことにしよう。それがどういうことなのか，以下もう少し具体的に述べてみる。

A．収差表示法の正規化

光学設計の過程では，光学系の収差係数を計算したり，光線追跡によって求めた値から収差図を画いたりして性能を確認する作業が繰り返し行なわれている。こうした収差の表示方法をどうするかによって，長期的にみた場合，設計者の判断力に微妙な差がでてくるはずである。その一つの例が収差係数の正規化の効果である。光学系の収差係数を計算する場合，常に焦点距離が1になるように尺度を決め，かつ近軸 marginal ray の主平面の入射高が 1，近軸主光線の tangent が $1/N_1$ になるように正規化して計算すれば，われわれは収差係数の値をみただけで，その光学系のもっている潜在性能についての概略の見通しが得られるようになることには 4.4.A. (p.106) で述べた。このような効果は，今述べたような正規化を実施し，かつそれによって計算した多くのデータが蓄積されてはじめて発揮されるのである。理論的な立場からみると，どのような条件で正規化しようとまったく任意であって，取るに足りない問題のように思われるかもしれないが，それによってデータが蓄積された場合の効果が左右されるのであるから，実際的な立場に立てばきわめて重要なのである。

ところで，有効な正規化のしかたは必ずしも常に同じであるとは限らない。上に述べた収差係数の正規化は，光学系の瞳と画角に関する特性の把握に有効な正規化であって，たとえば特定のズームレンズについて，ズーミング中にどの程度性能を一定に保てるかを把握しようというような目的には有効ではない。こういう目的には若干異なった正規化，すなわちFナンバーと像高に関する正規化を施すことが有効なのである。このことからもわかるように，正規化を行なうに当たっては，目的をよく考えて，その目的に合った正規化のしかたをくふうすることが大切である。注意しなければならないのは，同じ性能評価といっても，あくまで評価の立場から考えるのと，設計的観点から性能を把握しようとするのとではまったく条件が異なることである。前者の立場に立つのならば，収差係数を計算するのにも，焦点距離は実際の焦点距離のままでよいし，近軸 marginal ray や近軸主光線の初値にも実際の尺度に対応する値を与えればよく，こうすれば収差係数は実際の横収差と直接対応する値になり，評価には都合がよい。しかしこうしたデータを蓄積してみても，設計の立場からみた有効な情報は得られないのである。

同じようなことが光学系の断面図や収差の表示方法についてもいえる。純粋に評価の立場に立つならば，実際の尺度そのままの価を表示するのがよいことは明らかである。しかし，光学系の性能を光学系の構造と関連づけて表わしたいという設計的な観点からいうと，一部のハンドブックで実行されているように，光学系の断面図や収差図などをすべて焦点距離 100 mm に統一して表示するのがよいであろう。

B. 設計手順自体の正規化

目的をよく考えて正規化をくふうしなければならないのは，単に収差表示法ばかりではなく，もっと基本的な事項，すなわち設計をどういうやり方で進めるかという設計手順に関しても同じである。日常の設計業務は，与えられた設計仕様を満足するような光学系を設計するという当面の目標を達成するための作業ではあるけれども，決してそれだけではない。一方では，将来直面するかもしれない困難な設計に備えた訓練をも兼ねているのである。むずかしい設計をこなすために必要な能力というものは，必要になったからといって急に養成できる性質のものではないからである。先に示した図 5.1 は実はそういうことを考慮に入れた設計手順なのである。確かに短期的に見れば，一々 power 配置からスタートして光学系を組み上げなくても，すでに知られているレンズデータに若干修正を加えれば足りる場合が多く，その方が効率も良いであろう。しかし，長期的な観点から見た場合，あるいは設計の質的な面から見た場合，はたして効率が良いといえるであろうか。

実際の設計過程では，ある収差がネックになって，どうしてもそれが除去できないで行きづまることがよく起こる。そういう場合，もし設計者が薄肉の理論による形状決定のような基礎技術に熟達しているとしたら，行きづまりを打開するために考えられるあらゆる可能性について，いろいろな構想を立ててはそれを大胆に具体化することを試みるであろう。そういうことを繰り返すことによって，その仕様が本質的に不可能なものでない限り，必ず何らかの解決策を見出すことができるに違いない。これに対して，もしその設計者がそういう基礎技術に馴れていないとしたら，現在の形状を大幅に変えてみるだけの自信も技術も持ち合わせないことから，結局その行きづまりを脱却できないであろう。こういう設計の基礎技術の訓練は，短期的な効率がある程度悪くなることを覚悟の上で，図5.1に示したような手順を徹底させない限り，身につけることはむずかしいのである。

自動設計の実用化は，レンズ設計の内容に大幅な変化をもたらすことになった。この技術の導入によって，確かに短期的な仕事の効率は飛躍的に向上した。しかし，大局的にみた設計の質的な面については，設計者の判断が依然として重要であることが再認識されている。今後のレンズ設計のあり方を考えるに当っては，広い観点からの配慮が不可欠であるように思われる。

文　　献

1) M. Berek : *Grundlagen der praktischen Optik* (1930) Walter de Gruyter & Co.
これには下記の邦訳が出ている
三宅和夫訳 : "レンズ設計の原理" (1970) 講談社
2) D. P. Feder : "Optical Calculations with Automatic Computing Machinery", J. Opt. Soc. Amer. **41** (1951) 630～635
3) R. Tiedeken : "Über neuere Methoden der Korrektionsdarstellung optischer Systeme", *Jenaer Jahrbuch 1954* 2. *Teil*, 401～423
4) 一色真幸 : "写真レンズの像面照度分布", 光学技術コンタクト **5**, No. 11 (1967) 10～14
5) 松居吉哉・佐柳和男 : "レンズのスポットダイヤグラムとその応用", 光学技術コンタクト **2**, No. 12 (1965) 8～14
6) K. Miyamoto : "On a Comparison between Wave Optics and Geometrical Optics by Using Fourier Analysis. III. Image Evaluation by Spot Diagram", J. Opt. Soc. Amer. **49** (1959) 35～40
7) H. H. Hopkins : *Wave Theory of Aberrations* (1950) 48～55, Oxford Clarendon Press
松居吉哉 : "6次の波面収差展開式とその精度", 光学 **1**, No. 1 (1972) 16～21
8) 佐柳和男 : "高速フーリエ変換——光学計算への応用——", 光学技術コンタクト **6**, No. 3 (1968) 6～11
あるいは
J. W. Cooley & J. W. Tukey : "An Algorithm for the Machine Calculation of Complex Fourier Series", Mathematics of Computation **19** (1965) 297～301
9) 山路敬三 : "ズームレンズの光学設計に関する研究", キャノン研究報告No. 3(1964)
10) C. A. Lehman : "Designing Lenses With a Computer", Jour. SMPTE **76** (1967) 188～191
11) C. G. Wynne & P. M. J. H. Wormell : "Lens Design by Computer", Appl. Opt. **2** (1963) 1233～1238
12) M. J. Kidger & C. G. Wynne : "Experiments with lens optimization procedures", Optica Acta **14** (1967) 279～288
14) W. B. King : "A Direct Approach to the Evaluation of the Variance of the Wave Aberration", Appl. Opt. **7** (1968) 489～494
15) J. Meiron : "The Use of Merit Functions Based on Wavefront Aberrations in Automatic Lens Design", Appl. Opt. **7** (1968) 667～672

16) W. B. King & J, Kitchen : "The Evaluation of the Variance of the Wave-Aberration Difference Function", Appl. Opt. **7** (1968) 1193～1197

引用文献以外の一般的な参考文献を次にあげて置く。まずレンズ設計全般に関するものとしては

A. E. Conrady : *Applied Optics and Optical Design, Part I* (1929) Oxford Univ. Press; *Part II* (1960) Dover Publications Inc.

A. Cox : *A System of Optical Design* (1964) The Focal Press

久保田・浮田・会田編："光学技術ハンドブック" (1968) 513～550，朝倉書店

一色真幸："レンズ設計"，光学 **1**，No. 1 (1972) 2～15

精密な性能評価に関するものとしては

レンズ性能研究委員会編："写真レンズとレスポンス関数" (1961) カメラ工業技術研究組合

H. H. Hopkins & M. J. Yzuel : "The computation of diffraction patterns in the presence of aberrations", Optica Acta **17** (1970) 157～182

小瀬輝次："光学系の空間周波数特性――その概念とレンズ評価――(I)～(VII)"，光学ニュース No. 109 (1970) 15～24，No. 110 (1970) 18～29，No. 112 (1970) 10～18，No. 115 (1971) 11～17，No. 116 (1971) 12～21，No. 117 (1971) 13～22，No. 118 (1971) 11～18

J. Macdonald : "The calculation of the optical transfer function", Optica Acta **18** (1971) 269～290

収差論に関する文献としては

H. A. Buchdahl : *Optical Aberration Coefficients* (1954) Oxford Univ. Press

松居吉哉："5次収差論の実用化に関する研究"，キャノン研究報告 No. 2 (1964)

J. Focke : "Higher Order Aberration Theory", *Progress in Optics vol. IV* (1965) 1～36, North Holland Pub. Co.

また，レンズの自動設計を解説した文献としては，次のものがあげられる。

D. P. Feder : "Automatic Optical Design", Appl. Opt. **2** (1963) 1209～1226

鈴木達朗・一岡芳樹："光学レンズの自動設計"，応用物理 **33** (1964) 698～706

三宅和夫："レンズの自動設計"，光学技術ハンドブック (1968) 544～550，朝倉書店

小島忠："レンズ自動設計法の概観"，光学技術コンタクト **7**，No. 7 (1969) 13～20

松居吉哉・南節雄："レンズ自動設計の進歩 (I)～(III)"，キャノンイメージ No. 4 (1970) 27～36，No. 5 (1970) 23～30，No. 7 (1971) 17～22

松居吉哉："レンズの自動設計"，応用物理 **41** (1972) 619～626

T. H. Jamieson : *Optimization Techniques in Lens Design* (1971) Adam Hilger LTD

索　　引

ア　行

カ　行

サ　行

タ 行

ナ 行

ハ 行

マ 行

ヤ 行

ラ 行

ワ 行

Memorandum

Memorandum

―――著者略歴―――

松居吉哉（まつい よしや）

1948年　東京大学第二工学部精密工学科卒業
　　　　元キヤノン（株）顧問・工学博士

専　攻　応用光学

検印廃止

復刊　レンズ設計法

1972年11月5日　初　版1刷発行
2009年9月15日　初　版13刷発行
2018年12月10日　復　刊1刷発行

著　者　松居吉哉

発行者　南條光章
東京都文京区小日向4丁目6番19号

NDC 425.9

発行所　東京都文京区小日向4丁目6番19号
電話　東京（03）3947-2511番（代表）
郵便番号 112-0006
振替口座 00110-2-57035番
URL　www.kyoritsu-pub.co.jp

共立出版株式会社

印刷・藤原印刷株式会社　製本・ブロケード

Printed in Japan

一般社団法人
自然科学書協会
会員

ISBN978-4-320-03607-9